TURING 图灵程序设计丛书

从零构建大模型

习题解答

Test Yourself On Build a
Large Language Model

(From Scratch)

[美] 塞巴斯蒂安·拉施卡 著
（Sebastian Raschka）

覃立波 冯骁骋 刘乾 译

人民邮电出版社

北 京

图书在版编目（CIP）数据

从零构建大模型习题解答 /（美）塞巴斯蒂安·拉施卡（Sebastian Raschka）著；覃立波，冯骁骋，刘乾译. -- 北京：人民邮电出版社，2025. --（图灵程序设计丛书）. -- ISBN 978-7-115-67949-9

Ⅰ. TP18

中国国家版本馆 CIP 数据核字第 2025WA7910 号

内 容 提 要

  本书是《从零构建大模型》一书的配套习题集，旨在通过多种练习和自我评估方式，帮助读者巩固和深化对大语言模型构建过程的理解。书中内容围绕《从零构建大模型》一书的结构展开，覆盖代码和主要概念问题、批判性思维练习、单项选择题以及答案解析等内容。建议读者在阅读《从零构建大模型》一书之前、之后以及复习阶段使用本书，通过重复学习的方式巩固知识，并将其与已有的知识体系相融合。

  本书适合《从零构建大模型》一书的读者，特别是那些希望通过练习和自我评估工具提升学习效果的人。

◆ 著　　　[美] 塞巴斯蒂安·拉施卡（Sebastian Raschka）
 译　　　覃立波　冯骁骋　刘　乾
 责任编辑　王军花
 责任印制　胡　南
◆ 人民邮电出版社出版发行　　北京市丰台区成寿寺路11号
 邮编　100164　电子邮件　315@ptpress.com.cn
 网址　https://www.ptpress.com.cn
 涿州市京南印刷厂印刷
◆ 开本：800×1000　1/16
 印张：9.25　　　　　　　　2025 年 9 月第 1 版
 字数：195 千字　　　　　　2025 年 9 月河北第 1 次印刷
 著作权合同登记号　图字：01-2025-1852 号

定价：59.80元
读者服务热线：(010)84084456-6009　印装质量热线：(010)81055316
反盗版热线：(010)81055315

版 权 声 明

关于本书

  塞巴斯蒂安·拉施卡的畅销书《从零构建大模型》是学习大语言模型（large language model，LLM，简称大模型）工作原理的高效途径。书中包含 300 多页内容，分为 7 章和 6 个附录，带你一步步构建一个类 GPT 大语言模型。书中使用的是 Python 和 PyTorch 深度学习库。亲自动手构建一个模型——这是一种独特的学习方式，甚至有些人认为这是唯一真正有效的学习方式。

  《从零构建大模型》虽然提供了清晰的讲解、图示和代码，但学习如此复杂的主题仍然具有挑战性。因此，本书旨在帮助你更容易地理解相关内容，它的结构与《从零构建大模型》保持一致，重点关注每一章的核心概念。你可以通过单项选择题、代码和主要概念问题，以及需要深入思考的问答题进行自我检测。另外，所有问题都配有答案。

  根据你当前对《从零构建大模型》中知识的掌握情况，本书可以通过多种方式为你提供帮助。如果在阅读完某一章后使用，它可以帮助你巩固知识。如果在阅读前使用，它同样会对你有所帮助。通过测试自己对主要概念及其相互关系的理解，你会更轻松地理解章节内容，并为接下来的学习做好准备。

  建议在阅读《从零构建大模型》之前和之后使用本书，也可以在你开始遗忘书中内容时使用。重复学习有助于巩固所学知识，并与长期记忆中的相关知识相结合。

目　　录

第 1 章

理解大语言模型

本章对**大语言模型**进行了高层次的概述，分析了它们的应用场景、构建阶段以及底层 Transformer 架构。首先，本章探讨了**预训练**和**微调**的概念，这两个步骤对于构建高效的大语言模型至关重要。然后，本章介绍了 Transformer 架构及其关键组件，包括**编码器**模块和**解码器**模块，以及自注意力机制。此外，本章还提供了从零构建大语言模型的规划，概述了所涉及的 3 个阶段：数据准备与采样、实现注意力机制，以及在无标签数据上进行预训练，为进一步的微调奠定了基础。

所有问题的答案都可以在本章末尾找到。

主要概念速测

1. 在大语言模型的背景下，深度学习与传统机器学习的主要区别是什么？

   A. 深度学习更适用于处理结构化数据，而传统机器学习更适用于处理非结构化数据

   B. 深度学习不需要人工进行特征提取，而传统机器学习需要

   C. 深度学习在所有任务上都比传统机器学习更准确

   D. 深度学习比传统机器学习计算效率更高

2. 大语言模型的主要功能是什么？

   A. 分析和解释图像

B.　预测未来事件

C.　理解、生成并回应类似人类语言的文本

D.　控制和操作机器人

3.　定制的大语言模型相较于通用大语言模型的核心优势是什么？

A.　在特定任务（或领域）上，它们的表现优于通用大语言模型

B.　它们更通用，可用于更广泛的任务

C.　它们在处理大型数据集时更高效

D.　它们的训练成本更低

4.　Transformer 架构在大语言模型中的意义是什么？

A.　它为大型数据集提供了更快的处理速度

B.　它使模型在预测时能够选择性地关注输入文本的不同部分

C.　它使模型能够从无标签数据中学习

D.　它使模型无须特定训练即可进行语言翻译

5.　预训练大语言模型的主要目的是什么？

A.　微调模型以适应特定任务

B.　评估模型在各种任务上的表现

C.　创建一个能够翻译语言的模型

D.　通过在大量多样化数据集上训练，构建对语言的广泛理解

分节习题

接下来，我们将更加详细地探讨本章内容。

1.1 什么是大语言模型

1. 什么是大语言模型？它是如何工作的？

2. "大语言模型"中的"大"有什么重要意义？

3. 大语言模型与生成式 AI 之间有什么关系？

4. 下图中的 3 个标签分别代表什么？

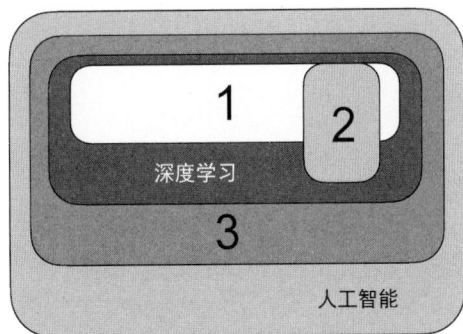

请在下表中填写你的答案。

标签	描述
1	
2	
3	

5. 在特征提取方面，传统的机器学习和深度学习有什么区别？

6.　将左侧的术语与右侧的描述进行匹配。

大语言模型	机器学习的一个子集，通过深度神经网络来建模数据中的复杂模式和抽象
Transformer	一种可以生成新内容（比如文本、图像或音频）的人工智能类型
生成式 AI	在大语言模型中使用的架构，它允许模型在做出预测时对输入的不同部分进行选择性关注，从而使模型能够处理人类语言的细微差别
深度学习	一种使用深度学习的人工智能，能够理解、生成并响应类似人类语言的文本

1.2　大语言模型的应用

1.　大语言模型在各个领域有哪些关键应用？

2.　大语言模型如何促进聊天机器人和虚拟助手的发展？

3.　解释大语言模型在专业领域知识检索中的作用。

4.　大语言模型对人类与技术的关系可能产生什么影响？

5.　将左侧的术语与右侧的描述进行匹配。

自然语言处理	计算机科学的一个领域，专注于使计算机能够理解和处理人类语言
机器翻译	旨在模拟与人类用户对话的计算机程序
聊天机器人	从大量数据中提取相关信息的过程
知识检索	将文本从一种语言自动翻译成另一种语言的过程

1.3　构建和使用大语言模型的各个阶段

1. 与使用通用大语言模型（如 ChatGPT）相比，构建定制的大语言模型的主要优势是什么？

2. 创建大语言模型时涉及的两阶段训练过程是什么？

3. 预训练大语言模型的目的是什么？使用的数据类型是什么？

4. 在预训练大语言模型的背景下解释一下自监督学习的概念。

5. 微调大语言模型的两个主要类别是什么？它们在使用标注数据方面有何不同？

6. 将左侧的术语与右侧的描述进行匹配。

预训练	一种微调方法，其标注数据集由指令-答案对（比如包含文本翻译请求及对应正确译文的训练样本）组成
微调	一种微调方法，其标注数据集由文本和相关的类别标签组成，例如，将电子邮件标注为"垃圾消息"和"非垃圾消息"
指令微调	在专注于特定任务或领域的数据集上对预训练大语言模型进行进一步训练的过程
分类微调	在大规模且多样化数据集上训练大语言模型的初始阶段，旨在建立对语言的广泛理解

1.4　Transformer 架构介绍

1. 什么是 Transformer 架构？它在大语言模型的发展中有什么重要意义？

2. 嵌入阶段的输出在下图中对应哪个标签?

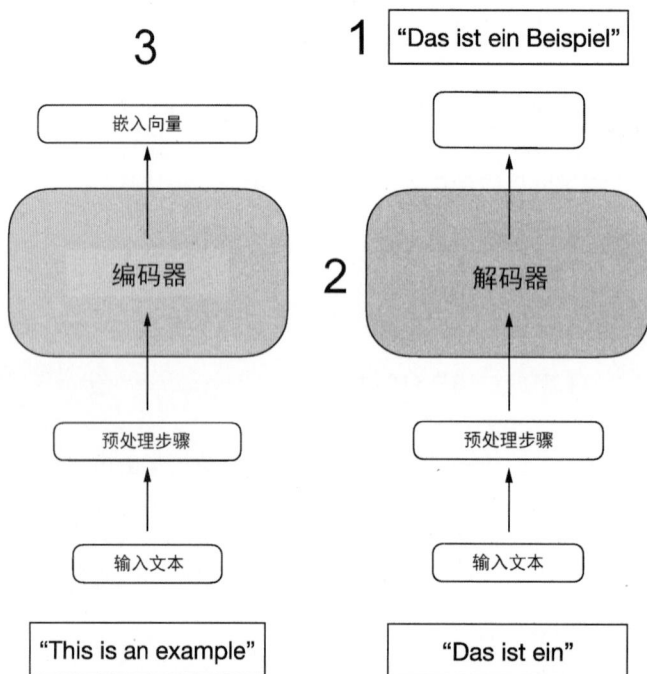

3 嵌入向量

1 "Das ist ein Beispiel"

编码器 **2** 解码器

预处理步骤   预处理步骤

输入文本   输入文本

"This is an example"   "Das ist ein"

3. 描述一下 Transformer 架构的两个主要组件及其在自然语言处理中的作用。

4. 什么是自注意力机制?它是如何提高 Transformer 的有效性的?

5. 解释 BERT 模型和 GPT 模型在训练方法和主要应用方面的关键区别。

6. 什么是零样本学习和少样本学习?它们与 GPT 模型有何关系?

1.5　利用大型数据集

1. 像 GPT-3 和 BERT 这样的大语言模型使用的训练数据集有哪些关键特征?

2. 训练数据的规模和多样性对大语言模型的性能有何重要意义?

3. 在大语言模型的背景下,"分词"的概念是什么?

4. 在大语言模型的背景下,描述"预训练"的概念及其重要性。

5. 在大语言模型的背景下，解释"微调"的概念及其优势。

6. 将左侧的术语与右侧的描述进行匹配。

编码器	模型在没有任何先验具体示例的情况下，对完全未见过的任务的泛化能力
解码器	Transformer 架构中从编码器获取编码向量并生成输出文本的部分
自注意力机制	Transformer 架构中处理输入文本并将其编码为一系列数值表示或向量的部分，这些表示或向量捕获了输入的上下文信息
零样本学习	允许模型在序列中对不同单词或词元的重要性进行加权，从而捕捉输入数据中的长距离依赖和上下文关系

1.6　深入剖析 GPT 架构

1. GPT 模型的核心训练任务是什么？这与它们执行翻译等其他任务的能力有何关联？

2. 解释 GPT 模型中的自监督学习概念。

3. GPT 架构与原始 Transformer 架构有何不同？这种差异带来了什么影响？

4. 下图中标签 1 和标签 2 处发生了什么？

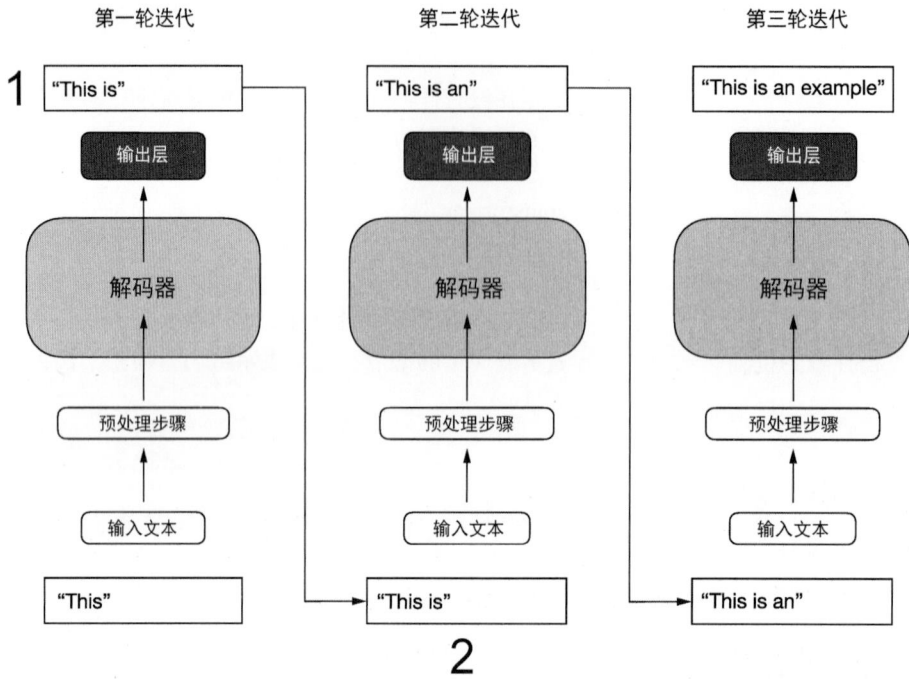

第一轮迭代	第二轮迭代	第三轮迭代
1 "This is"	"This is an"	"This is an example"
输出层	输出层	输出层
解码器	解码器	解码器
预处理步骤	预处理步骤	预处理步骤
输入文本	输入文本	输入文本
"This"	"This is"	"This is an"

2

请在下表中填写你的答案。

标签	描述
1	
2	

5. GPT 模型被视为自回归模型的意义是什么？

6. 描述 GPT 模型的规模、复杂性与其能力之间的联系。

7. 将左侧的术语与右侧的描述进行匹配。

预训练模型	预训练模型，可作为在特定任务上进行微调的基础
微调	这些模型经过海量文本和代码数据集的训练，能够出色地处理包括语言语法、语义和上下文理解在内的各类任务
基础模型	通过在与特定任务相关的较小数据集上预训练模型，使其适应该特定任务的过程

1.7　构建大语言模型

1. 从零构建大语言模型的 3 个主要阶段是什么？

2. 大语言模型使用的 Transformer 架构的核心思想是什么？

3. GPT-3 等大语言模型预训练的主要任务是什么？

4. 解释大语言模型中"涌现属性"的概念。

5. 为什么对预训练大语言模型进行微调有助于提升在特定任务上的表现？

6. 请按顺序排列创建预训练大语言模型（基础模型）的各个阶段。

   A. 在文本生成任务上评估模型的性能

   B. 实现类 GPT 的 Transformer 解码器架构

   C. 对文本数据进行清洗和分词预处理

   D. 在大规模文本数据集上使用下一单词预测任务来训练模型

请在下表中填写你的答案。

顺序	步骤
1	
2	
3	
4	

7. 将左侧的术语与右侧的描述进行匹配。

自回归模型	通过预测序列中的下一个单词来训练 GPT 模型的任务
自监督学习	一种机器学习方法，其中模型从数据本身学习，而不需要显式的标签
下一单词预测	一种基于已生成单词预测序列中下一个单词的文本生成模型
纯解码器架构	GPT 模型的架构，仅使用 Transformer 架构中的解码器部分，使其适用于文本生成任务

答案

主要概念速测

1. B
2. C
3. A
4. B
5. D

分节习题

1.1　什么是大语言模型

1. 大语言模型是一种深度神经网络，它通过在海量文本数据上进行训练来理解、生成和回应类似人类语言的文本。它使用 Transformer 架构来关注输入的不同部分，从而更好地处理语言的细微差别。大语言模型通过预测序列中的下一个单词进行训练，从而学习文本中的上下文关联、结构特征和语义关系。

2. "大"指的是模型的参数规模（可调节的权重）以及其训练所使用的庞大数据集。大语言模型通常具有数百亿或数千亿个参数，这些参数在训练过程中会被优化，以预测序列中的下一个单词。

3. 大语言模型通常被认为是一种生成式 AI，因为它们能够生成文本。生成式 AI 是一个更广泛的概念，涵盖了能够创建新内容（如文本、图像或音乐等）的 AI 系统。

4. 人工智能是一个更广泛的领域，涉及使机器能够执行需要类似人类智能的任务。机器学习是人工智能的一个子领域，专注于开发从数据中学习的算法。而深度学习是机器学习的一个子集，它使用多层深度神经网络来建模数据中的复杂模式。

图中的各个标签表示如下。

标签	描述
1	大语言模型
2	生成式 AI
3	机器学习

5. 传统的机器学习需要手动提取特征，即由人类专家识别并选择模型所需的相关特征。相比之下，深度学习不需要这个手动过程，而是允许模型直接从数据中学习特征。

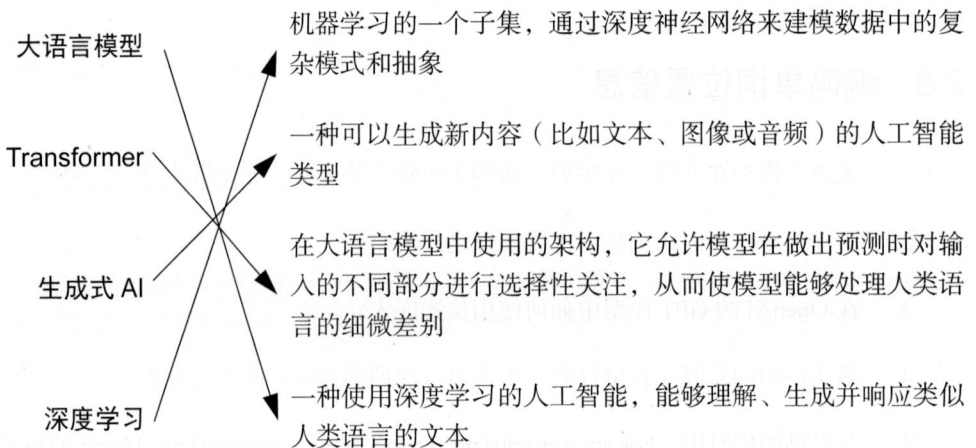

6. 术语与描述的对应关系如下。

大语言模型   机器学习的一个子集，通过深度神经网络来建模数据中的复杂模式和抽象

Transformer   一种可以生成新内容（比如文本、图像或音频）的人工智能类型

生成式 AI   在大语言模型中使用的架构，它允许模型在做出预测时对输入的不同部分进行选择性关注，从而使模型能够处理人类语言的细微差别

深度学习   一种使用深度学习的人工智能，能够理解、生成并响应类似人类语言的文本

1.2 大语言模型的应用

1. 大语言模型被应用于机器翻译、文本生成、情感分析、文本摘要、内容创作、驱动聊天机器人和虚拟助手，以及医学、法律等专业领域的知识检索。

2. 大语言模型使 ChatGPT 和 Gemini 等聊天机器人及虚拟助手能够理解并以自然语言响应用户查询，从而提高它们提供信息和完成任务的能力。

3. 大语言模型可以分析医学或法律等领域的大量文本、总结冗长的段落、回答技术性问题，并实现高效的知识检索。

4. 大语言模型有望通过自动化文本处理任务以及实现与 AI 系统的自然语言交互，使技术应用更具对话性、直观性和普适性。

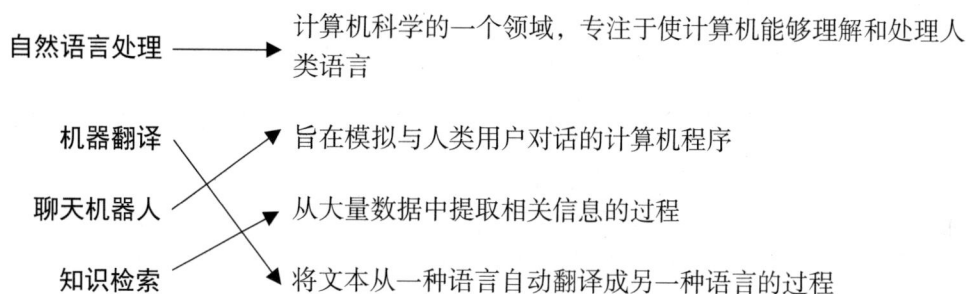

5. 术语与描述的对应关系如下。

自然语言处理 ⟶	计算机科学的一个领域，专注于使计算机能够理解和处理人类语言
机器翻译	旨在模拟与人类用户对话的计算机程序
聊天机器人	从大量数据中提取相关信息的过程
知识检索	将文本从一种语言自动翻译成另一种语言的过程

1.3　构建和使用大语言模型的各个阶段

1. 定制的大语言模型具有以下优势：可以针对特定任务或领域提升性能表现，通过避免依赖第三方供应商来增强数据隐私性，并能将模型本地化部署于终端设备，从而降低延迟和成本。

2. 该过程从预训练阶段开始——模型从大量且多样化的数据集中学习对语言的整体理解。然后，这个预训练模型会在一个规模较小但针对性更强的数据集上进行微调，从而适配特定任务或领域需求。

3. 预训练旨在开发一个具有语言通用理解能力的基础模型。它使用大量未标注的文本数据（通常称为"原始"文本）来训练模型，使其能够预测序列中的下一个单词。

4. 自监督学习使大语言模型在预训练期间能够从输入数据中自动生成标签，从而消除对手动标注数据的需求，而手动标注数据是传统监督学习中的常见要求。

5. 微调大语言模型的两个主要类别为指令微调和分类微调。指令微调使用包含指令-答案对的标注数据，而分类微调使用带有文本及其对应类别标签的标注数据。

6.　术语与描述的对应关系如下。

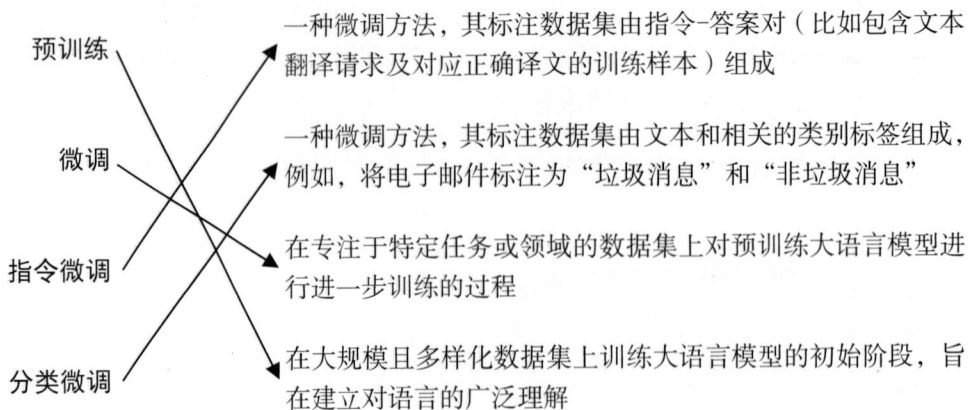

预训练

微调

指令微调

分类微调

一种微调方法，其标注数据集由指令-答案对（比如包含文本翻译请求及对应正确译文的训练样本）组成

一种微调方法，其标注数据集由文本和相关的类别标签组成，例如，将电子邮件标注为"垃圾消息"和"非垃圾消息"

在专注于特定任务或领域的数据集上对预训练大语言模型进行进一步训练的过程

在大规模且多样化数据集上训练大语言模型的初始阶段，旨在建立对语言的广泛理解

1.4　Transformer 架构介绍

1.　Transformer 架构是一种深度神经网络架构，它彻底改变了自然语言处理领域。作为大多数现代大语言模型的基础，该架构使模型能够高效地处理和理解语言。

2.　嵌入阶段的输出被传递到解码器，标签为 2。

3.　Transformer 架构由编码器和解码器组成。编码器处理输入文本并将其转换为数值表示，而解码器利用这些表示生成输出文本。

4.　自注意力机制是一种在深度学习中用于建模序列数据中元素之间关系的方法。自注意力机制使 Transformer 能够衡量序列中不同单词的相对重要性。这有助于模型捕捉长距离依赖和上下文关系，从而生成更加连贯和相关的输出。

5.　BERT 模型专注于掩码词预测，在文本分类等任务中表现出色；而 GPT 模型专为文本补全、翻译、摘要等生成式任务设计。

6.　零样本学习是指在没有任何特定示例的情况下，泛化到从未见过的任务，而少样本学习是指从用户提供的少量示例中进行学习。零样本学习使 GPT 模型能够在没有针对特定任务训练的情况下执行任务，而少样本学习使其能够从极少量示例中学习。这些能力展示了 GPT 模型的多功能性和适应性。

1.5 利用大型数据集

1. 这些数据集规模庞大，涵盖数十亿个单词，涉及广泛的主题和多种语言。它们旨在让模型接触多样化文本，从而学习语言的句法、语义和上下文信息。

2. 训练数据的规模和多样性使得大语言模型能够在多种任务上表现出色，包括那些需要通用知识的任务。通过学习，模型能够理解和生成反映现实世界语言复杂性的文本。

3. 分词是将文本转换为称为"词元"的独立单元的过程。这些词元作为模型读取和处理的基本构建块，可以是单词、标点符号或其他有意义的文本单元。

4. 预训练是指在大规模数据集上训练大语言模型，使其掌握通用语言模式和知识的过程。经过预训练的模型可作为基础模型，通过针对特定应用场景的数据集进行微调（进一步训练），从而灵活适配各类下游任务。

5. 微调是指在特定任务的较小数据集上对预训练大语言模型进行进一步训练。该过程通过利用在预训练阶段学到的通用知识，使模型能够在特定任务（如文本摘要或问答）上表现出色。

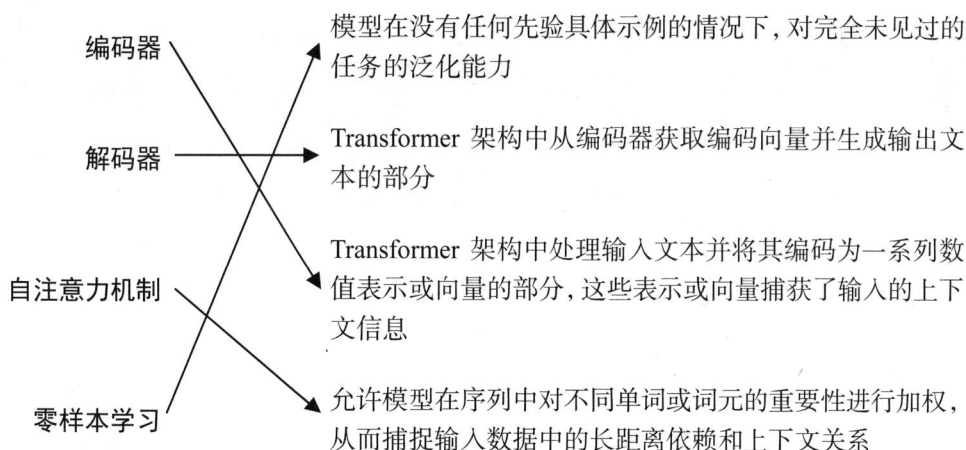

6. 术语与描述的对应关系如下。

编码器 —— 模型在没有任何先验具体示例的情况下，对完全未见过的任务的泛化能力

解码器 —— Transformer 架构中从编码器获取编码向量并生成输出文本的部分

自注意力机制 —— Transformer 架构中处理输入文本并将其编码为一系列数值表示或向量的部分，这些表示或向量捕获了输入的上下文信息

零样本学习 —— 允许模型在序列中对不同单词或词元的重要性进行加权，从而捕捉输入数据中的长距离依赖和上下文关系

1.6   深入剖析 GPT 架构

1. GPT 模型的训练主要基于下一单词预测任务,任务内容是预测序列中的下一个单词。这项看似简单的任务使模型能够学习单词和短语之间的关系,从而能够执行诸如翻译等其他任务——即使这些任务并非其直接训练目标。

2. GPT 模型采用自监督学习机制,即模型无须显式标注即可从数据自身进行学习。在具体实现中,GPT 会将句子中的下一个单词作为模型预测的标签,这种设计使得模型能够在庞大的未标注文本数据集上进行训练。

3. GPT 架构仅使用 Transformer 的解码器部分,因此它是一种纯解码器模型。这种设计使其适用于文本生成和下一单词预测任务,因为它采用单向、从左到右的方式逐词生成文本。

4. 图中的两个标签表示如下。

标签	描述
1	下一个单词是基于输入文本生成的
2	上一轮的输出作为下一轮的输入

5. 自回归模型(如 GPT)会将先前的输出作为输入来进行后续预测。这意味着 GPT 生成的每个新词都是基于前面的序列,从而确保输出文本的连贯性和流畅性。

6. GPT 模型(特别是 GPT-3)在规模上远超原始 Transformer 模型,其网络层数和参数量均显著增加。正是这种规模的扩大和复杂性的增加,使其能够处理更广泛的任务,并达到更高的准确率。

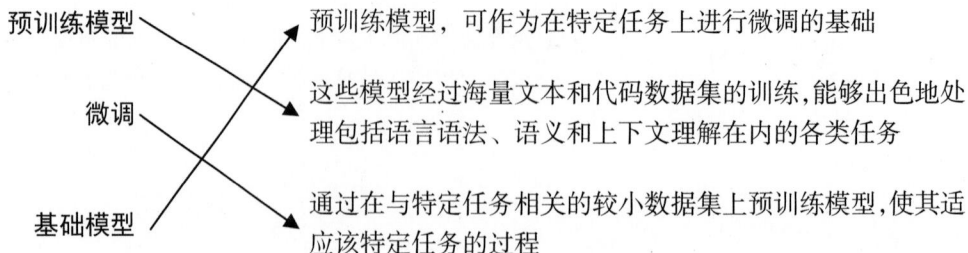

7. 术语与描述的对应关系如下。

预训练模型   预训练模型,可作为在特定任务上进行微调的基础

微调   这些模型经过海量文本和代码数据集的训练,能够出色地处理包括语言语法、语义和上下文理解在内的各类任务

基础模型   通过在与特定任务相关的较小数据集上预训练模型,使其适应该特定任务的过程

1.7　构建大语言模型

1.　这 3 个阶段分别是：实现大语言模型架构并完成数据准备、对大语言模型进行预训练以构建基础模型，以及微调基础模型以完成特定任务。

2.　Transformer 架构采用注意力机制，使大语言模型在逐词生成输出文本时能够灵活地参考整个输入序列。

3.　像 GPT-3 这样的大语言模型通过在庞大的文本语料库上预测句子中的下一个单词来进行预训练，并将预测结果作为标签使用。

4.　虽然类 GPT 模型的主要预训练任务是下一单词预测，但它们表现出了涌现属性，这意味着它们能够执行分类、翻译、摘要等任务，即使没有针对这些任务进行专门的训练。

5.　在自定义数据集上微调预训练大语言模型，可使其在特定任务上表现更优，甚至超越通用大语言模型。

6.　以下是步骤的正确顺序。

顺序	步骤
1	C
2	B
3	D
4	A

7.　术语与描述的对应关系如下。

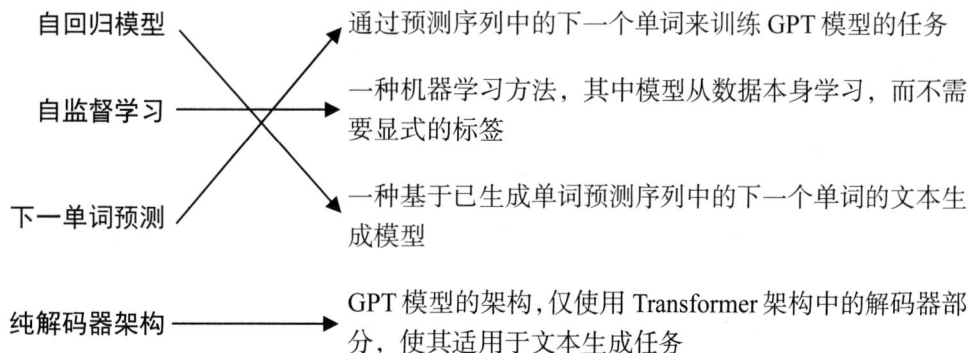

自回归模型　　　通过预测序列中的下一个单词来训练 GPT 模型的任务

自监督学习　　　一种机器学习方法，其中模型从数据本身学习，而不需要显式的标签

下一单词预测　　一种基于已生成单词预测序列中的下一个单词的文本生成模型

纯解码器架构　　GPT 模型的架构，仅使用 Transformer 架构中的解码器部分，使其适用于文本生成任务

第 2 章

处理文本数据

本章重点介绍了如何通过将文本数据转换为称为**嵌入**的数值表示来**为大语言模型训练做准**备。本章探讨了**分词**的过程，包括将文本分割为单个单词或子词单元，并使用**词汇表**将这些词元转换为数值 ID。本章涵盖了不同的分词技术，比如在 GPT 等模型中使用的**字节对编码**（BPE）。此外，本章还解释了如何创建词元嵌入（词元的向量表示），以及如何添加位置嵌入以编码词元在序列中的位置，从而为后续的大语言模型模块提供必要的输入。

所有问题的答案都可以在本章末尾找到。

主要概念速测

1. 在大语言模型的上下文中，分词的主要目的是什么？

   A. 分词用于将文本转换为小写

   B. 分词是将文本拆分为单个单词或特殊字符

   C. 分词用于识别句子中的词性

   D. 分词用于从文本中去除停用词

2. 在大语言模型的词汇表中，<|unk|>词元的作用是什么？

   A. <|unk|>词元用于表示标点符号

   B. <|unk|>词元用于标记词元句子的开头

C.　<|unk|>词元用于表示训练数据中未出现的未知单词

D.　<|unk|>词元用于标记词元句子的结尾

3.　大语言模型在训练阶段的主要任务是什么?

A.　大语言模型被训练用于将文本从一种语言翻译成另一种语言

B.　大语言模型被训练用于总结文本

C.　大语言模型被训练用于根据给定文本回答问题

D.　大语言模型被训练基于之前的上下文预测序列中的下一个单词

4.　绝对位置嵌入和相对位置嵌入之间的区别是什么?

A.　绝对位置嵌入是对序列中某个词元的确切位置进行编码,而相对位置嵌入是对词元之间的相对距离进行编码

B.　绝对位置嵌入仅用于短序列,而相对位置嵌入用于较长的序列

C.　绝对位置嵌入比相对位置嵌入更高效

D.　相对位置嵌入比绝对位置嵌入更准确

5.　在大语言模型中,＿＿＿＿的目的是提供序列中词元的顺序和位置信息,以帮助大语言模型理解单词之间的关系。

A.　注意力机制

B.　位置嵌入

C.　词元化

D.　反词元化

6.   在大语言模型的输入处理管道中，数据在被送入核心的大语言模型层之前，最终输出是什么？

A.   最终输出是一个包含每个词汇表中单词概率的张量

B.   最终输出是一个文本词元的张量

C.   最终输出是一个由词元嵌入和位置嵌入组合而成的输入嵌入张量

D.   最终输出是一个词元 ID 的张量

分节习题

接下来，我们将更加详细地探讨本章内容。

2.1   理解词嵌入

1.   为什么在深度学习模型中处理文本数据时需要词嵌入？

2.   word2vec 方法生成词嵌入的主要思想是什么？

3.   选择词嵌入维度时需要权衡哪些因素？

4.   相较于使用像 word2vec 这样的预训练模型，大语言模型通常如何处理词嵌入？

5.   可视化高维词嵌入的主要挑战是什么？

2.2   文本分词

1.   在构建大语言模型的过程中，文本分词的目的是什么？

2.   描述使用 Python 的正则表达式库 re 进行文本分词的过程。

3.   为什么在为大语言模型训练进行文本分词时需要考虑字母大小写问题？

4.   解释在分词过程中删除空白字符和保留空白字符之间的权衡。

5. 将左侧的术语与右侧的描述进行匹配。

词嵌入	将文本、音频或视频等各种数据类型转换为深度学习模型可以理解的稠密向量表示的过程
嵌入	词嵌入的维度，它决定了用于表示每个单词的维度数量，这会影响模型的复杂性和计算效率
word2vec	一种通过预测目标词的上下文（或反之）来生成词嵌入的算法，其核心理念是：出现在相似上下文中的词往往具有相似的含义
嵌入大小	一种将单词表示为连续值向量的方法，使得深度学习模型能够处理文本数据

2.3 将词元转换为词元 ID

1. 将词元转换为词元 ID 的目的是什么？

2. 如何为分词创建词汇表？

3. SimpleTokenizerV1 类中的 encode 方法的作用是什么？

4. SimpleTokenizerV1 类中的 decode 方法的作用是什么？

5. 使用基于小规模训练集构建的词汇表有什么局限性？

6. 将左侧的术语与右侧的描述进行匹配。

分词	通过分词产生的单个文本单元，用于表示单词、标点符号或其他特殊字符
词元	用于定义文本中的模式，以实现灵活且精确的文本操作（包括分词）
正则表达式	对文本数据进行进一步处理前所采取的初始步骤（比如分词），这使得文本适合在语言模型中使用
预处理	将文本分割成被称为"词元"的单独单位，这些单位可以是单词、标点符号或其他特殊字符

2.4 引入特殊上下文词元

1. 添加到词汇表中的两个特殊词元是什么？它们有什么作用？

2. 修改后的 SimpleTokenizerV2 是如何处理未知单词的？

3. 解释在对多个独立文档进行训练时，<|endoftext|>词元的作用。

4. 选择正确选项，补全下面代码中缺失的部分。

    A. unk   B. \n   C. <|unk|>   D. |unk|

```python
def encode(self, text):
    preprocessed = re.split(r'([,.:;?_!"()\']|--|\s)', text)
    preprocessed = [
        item.strip() for item in preprocessed if item.strip()
    ]
    preprocessed = [item if item in self.str_to_int
                    else "__1__" for item in preprocessed]

    ids = [self.str_to_int[s] for s in preprocessed]
    return ids
```

请在下表中填写你的答案。

位置	1
答案	

5. 大语言模型中其他常见的特殊词元是什么？它们的功能是什么？

6.　将左侧的术语与右侧的描述进行匹配。

词汇表　　　　　　　词元的整数表示形式，用作将词元转换为嵌入向量之前的中间步骤

词元 ID　　　　　　用于构建词汇表并训练语言模型的数据集

分词器　　　　　　一种从唯一词元到唯一整数值的映射，通过对整个训练数据集进行分词并按字母顺序对词元进行排序来创建

训练集　　　　　　一个实现文本编码（将文本转为词元 ID）与解码（将词元 ID 转回文本）方法的类

2.5　BPE

1.　下图中的两个标签分别代表什么？

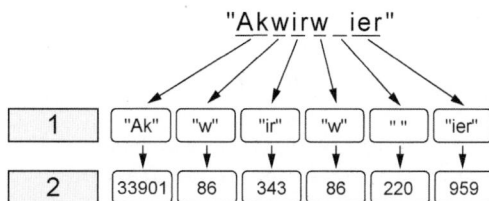

请在下表中填写你的答案。

标签	描述
1	
2	

2.　使用 BPE 分词器进行分词的主要优势是什么，特别是在处理未知词汇时？

3.　在 GPT-2、GPT-3、原始 ChatGPT 等模型中使用的 BPE 分词器的总词汇表大小是多少？

4. 如果不使用<|unk|>词元，那么 BPE 分词器将如何处理像 someunknownPlace 这样的未知单词？

5. 在本节提供的代码示例中，使用了哪个 Python 库来实现 BPE 分词器？

2.6 使用滑动窗口进行数据采样

1. 解释在训练大语言模型的上下文中创建输入-目标对的作用。

2. 描述用于生成输入-目标对的滑动窗口方法及其工作原理。

3. 选择正确选项，补全下面代码中缺失的部分。请注意，一个选项可能会出现多次！

A. torch.vector   B. tiktoken   C. tokenizer   D. torch.tensor

```python
import torch
from torch.utils.data import Dataset, DataLoader
class GPTDatasetV1(Dataset):
    def __init__(self, txt, tokenizer, max_length, stride):
        self.input_ids = []
        self.target_ids = []

        token_ids = ___1___.encode(txt)

        for i in range(0, len(token_ids) - max_length, stride):
            input_chunk = token_ids[i:i + max_length]
            target_chunk = token_ids[i + 1: i + max_length + 1]
            self.input_ids.append(___2___(input_chunk))
            self.target_ids.append(___3___(target_chunk))

    def __len__(self):
        return len(self.input_ids)

    def __getitem__(self, idx):
        return self.input_ids[idx], self.target_ids[idx]
```

请在下表中填写你的答案。

位置	1	2	3
答案			

4. stride 参数在 GPTDatasetV1 类中的作用是什么？它如何影响输入-目标对的生成？

5. 解释 GPTDatasetV1 类中的 max_length 参数的作用及其对输入-目标对的影响。

6. 选择正确选项，补全下面代码中缺失的部分。

   A. tokenizer　　B. tiktoken　　C. dataset　　D. dataloader

```
def create_dataloader_v1(txt, batch_size=4, max_length=256,
                         stride=128, shuffle=True, drop_last=True,
                         num_workers=0):
    tokenizer = ___1___.get_encoding("gpt2")
    dataset = GPTDatasetV1(txt, tokenizer, max_length, stride)
    dataloader = DataLoader(
        ___2___,
        batch_size=batch_size,
        shuffle=shuffle,
        drop_last=drop_last,
        num_workers=num_workers
    )

    return dataloader
```

请在下表中填写你的答案。

位置	1	2
答案		

7. 使用 PyTorch 的 Dataset 类和 DataLoader 类创建用于大语言模型训练的数据加载器的意义是什么？

8. 将左侧的术语与右边的描述进行匹配。

BPE	在分词器的预定义词汇表中不存在的单词
子词单元	分词器能够识别和表示的唯一词元的总数
词汇表外单词	BPE 分词器将单词分解成的较小文本单位，可以是单个字符或字符组合
词汇表大小	一种可以将单词分解为更小的子词单元或单个字符的分词方法，该方法允许通过将单词表示为子词词元或字符序列来处理未知单词

2.7 创建词元嵌入

1. 为什么对训练类 GPT 大语言模型来说嵌入向量是必不可少的?

2. 在大语言模型训练开始时，如何初始化嵌入的权重?

3. 下图中缺少的阶段是什么?

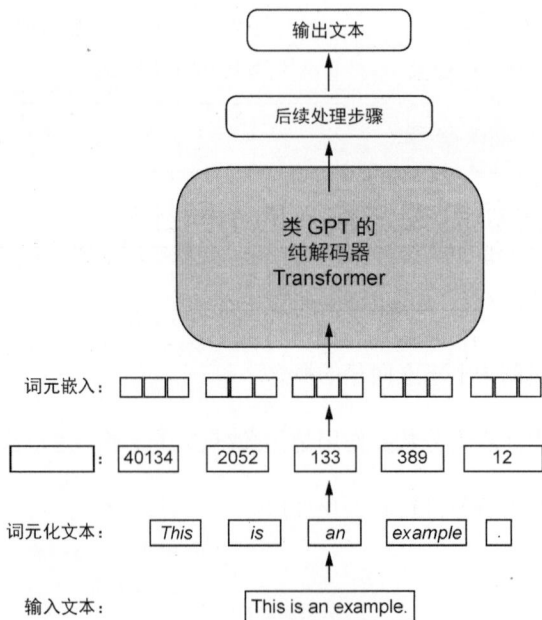

4. 描述使用嵌入层将词元 ID 转换为嵌入向量的过程。

5. 嵌入层的权重矩阵如何与词汇表大小和嵌入维度相关联？

6. 将左侧的术语与右侧的描述进行匹配。

上下文大小	在创建下一批输入-目标对时，输入窗口被移动的位置数
输入-目标对	一种通过在文本中移动词元窗口来从文本数据集中创建输入-目标对的技术
滑动窗口	大语言模型用作输入以预测下一个单词的词元数
步长	用于训练大语言模型的一组数据，其中输入是一个词元序列，而目标是该序列中的下一个词元

2.8　编码单词位置信息

1. 大语言模型在处理词元序列方面的主要缺点是什么？如何解决这一问题？

2. 解释绝对位置嵌入和相对位置嵌入之间的差异。

3. 在 OpenAI 的 GPT 模型中如何使用位置嵌入？

4. 描述使用词元嵌入和位置嵌入为大语言模型创建输入嵌入的过程。

5. 在提供的代码中，`token_embedding_layer` 和 `pos_embedding_layer` 的目的是什么？

章节练习

练习 2.1   未知单词的 BPE

尝试使用 tiktoken 库中的 BPE 分词器对未知单词"Akwirw ier"进行分词，并打印所有词元 ID。然后，对得到的列表中的每个整数应用 decode 函数，以重现图 2-11 中的映射。最后，对这些词元 ID 调用 decode 方法，检查它能否还原原始输入"Akwirw ier"。

练习 2.2   具有不同步幅和上下文长度的数据加载器

为了更直观地了解数据加载器的工作原理，请尝试使用不同的参数设置来运行它，比如 max_length=2，stride=2 和 max_length=8，stride=2。

答案

主要概念速测

1. B
2. C
3. D
4. A
5. B
6. C

分节习题

2.1　理解词嵌入

1. 深度学习模型处理的是数值数据，而文本属于类别型数据。词嵌入可以将单词转换为连续值向量，使它们与神经网络中使用的数学运算相兼容。

2. word2vec通过训练神经网络，在给定目标词的情况下预测该词的上下文（或反之）。这种方法假设出现在相似上下文中的词往往具有相似的含义，从而在嵌入空间中形成相关词的聚类表示。

3. 词嵌入中更高的维度可以捕捉单词之间更微妙的关系，但会降低计算效率。较低的维度提供了更快的处理速度，但可能会牺牲一些语义细节。

4. 大语言模型通常会生成自己的嵌入作为输入层的一部分，并在训练期间对它们进行优化。这使得嵌入能够针对特定任务和数据进行定制，从而可能会比使用预训练嵌入获得更好的性能。

5. 我们的视觉感知和常见的图形表示仅限于 3 个（或更少）维度。可视化高维嵌入需要借助专门的技术或降维方法。

2.2 文本分词

1. 分词是为大语言模型创建嵌入的一个关键的预处理步骤。它涉及将输入文本分割为单独的词元（要么是单词，要么是特殊字符），以便为后续处理和嵌入创建做准备。

2. `re.split` 函数可用于根据特定的模式分割文本。通过定义一个匹配空白字符、标点符号和其他特殊字符的正则表达式，我们可以将文本分割成单独的词元。然后，可以进一步处理生成的列表，以删除冗余的空白字符。

3. 大写字母的使用能帮助大语言模型区分专有名词和普通名词、理解句子结构，并学会生成正确大小写的文本。因此，在分词过程中保留字母大小写信息有助于训练更高效的语言模型。

4. 删除空白字符可以减少内存和计算需求。然而，保留空白字符对于那些对文本的精确结构敏感的训练模型（比如依赖缩进和间距的 Python 代码）很有用。

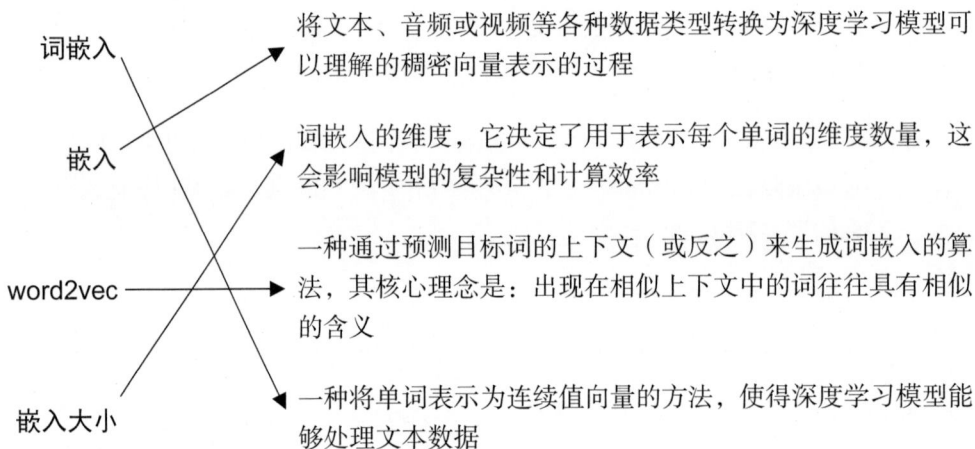

5. 术语与描述的对应关系如下。

词嵌入	将文本、音频或视频等各种数据类型转换为深度学习模型可以理解的稠密向量表示的过程
嵌入	词嵌入的维度，它决定了用于表示每个单词的维度数量，这会影响模型的复杂性和计算效率
word2vec	一种通过预测目标词的上下文（或反之）来生成词嵌入的算法，其核心理念是：出现在相似上下文中的词往往具有相似的含义
嵌入大小	一种将单词表示为连续值向量的方法，使得深度学习模型能够处理文本数据

2.3 将词元转换为词元 ID

1. 将词元转换为词元 ID 是将它们转换为嵌入向量之前的中间步骤。这个过程允许在语言模型中有效地表示和处理文本数据。

2. 词汇表是通过对整个训练数据集进行分词、将不重复的词元按字母顺序排序，并为每个词元分配一个唯一的整数 ID 来创建的。这种映射机制能够高效地实现词元与其对应整数表示之间的双向转换。

3. encode 方法将文本作为输入，先将其分割为词元，再使用词汇表将这些词元转换为相应的整数 ID。这一过程会将文本数据表示为整数序列，从而使其能够被语言模型处理。

4. decode 方法将一系列的词元 ID 作为输入，并使用逆向词汇表将这些 ID 转换为相应的文本词元。这一过程会将语言模型的输出（整数序列）转换回人类可读的文本。

5. 当遇到训练数据中不存在的新单词或短语时，使用基于小规模训练集构建的词汇表可能会引发问题。这可能会导致分词和解码过程中出现错误，从而凸显了使用大规模多样化训练集来构建稳健的语言模型的重要性。

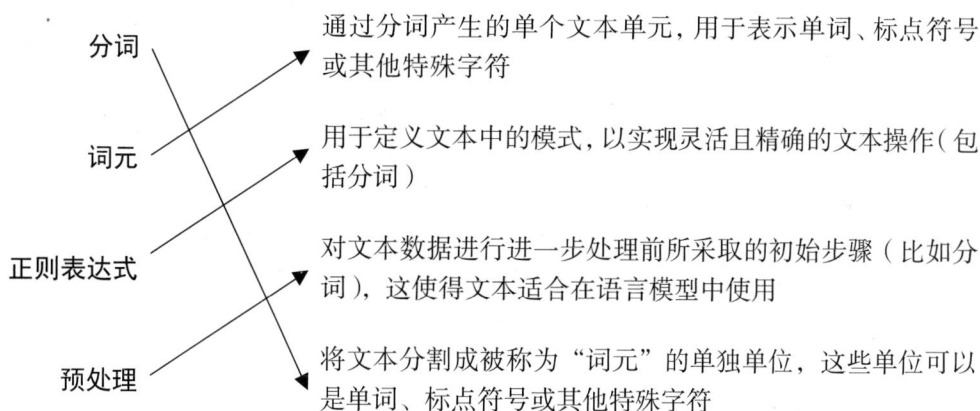

6. 术语与描述的对应关系如下。

分词　　　　　　　　　　　通过分词产生的单个文本单元，用于表示单词、标点符号或其他特殊字符

词元　　　　　　　　　　　用于定义文本中的模式，以实现灵活且精确的文本操作（包括分词）

正则表达式　　　　　　　　对文本数据进行进一步处理前所采取的初始步骤（比如分词），这使得文本适合在语言模型中使用

预处理　　　　　　　　　　将文本分割成被称为"词元"的单独单位，这些单位可以是单词、标点符号或其他特殊字符

2.4　引入特殊上下文词元

1. 添加的两个特殊词元是<|unk|>和<|endoftext|>。<|unk|>表示不在训练数据中的未知词，而<|endoftext|>可以分隔不相关的文本源，帮助大语言模型理解它们独特的性质。

2. 当遇到词汇表中不存在的单词时，SimpleTokenizerV2 会将其替换为<|unk|>词元，以确保所有单词都能在编码的文本中得到表示。

3. `<|endoftext|>`词元作为不相关文本源之间的分隔符，用于标识特定文本段的开始或结束。这有助于大语言模型做如下理解：虽然这些文本在训练时被拼接在一起，但实质上是相互独立的语义单元。

4. 正确选项如下。

位置	1
答案	C

5. 其他常见的特殊词元包括[BOS]（序列开始）、[EOS]（序列结束）和[PAD]（填充）。[BOS]表示词元文本的开始；[EOS]表示词元文本的结束；[PAD]用于将较短的文本扩展到与批次中最长文本的长度相匹配，以便进行训练。

6. 术语与描述的对应关系如下。

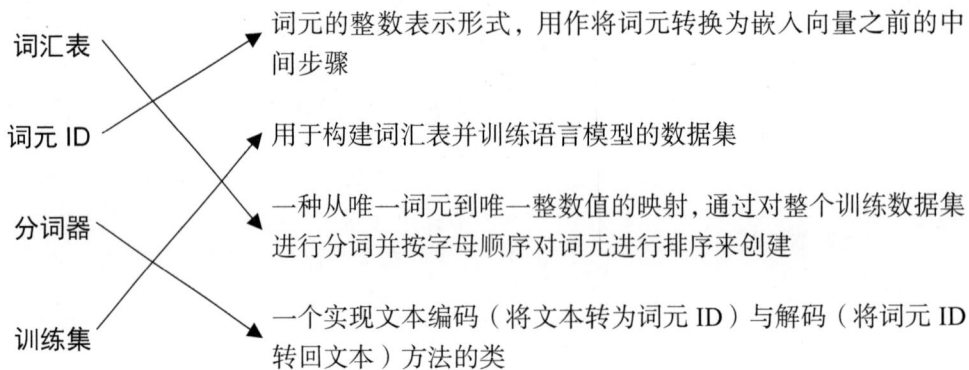

词汇表

词元 ID

分词器

训练集

词元的整数表示形式，用作将词元转换为嵌入向量之前的中间步骤

用于构建词汇表并训练语言模型的数据集

一种从唯一词元到唯一整数值的映射，通过对整个训练数据集进行分词并按字母顺序对词元进行排序来创建

一个实现文本编码（将文本转为词元 ID）与解码（将词元 ID 转回文本）方法的类

2.5　BPE

1. 图中的两个标签表示如下。

标签	描述
1	Tokens
2	Token IDs

2. BPE 分词器可以将未知单词分解为更小的子词单元或单个字符。这使其能够处理任何单词，而无须使用特殊的`<|unk|>`词元，从而确保分词器和大语言模型可以处理所有文本，即使该文本包含训练数据中不存在的单词。

3. 在这些模型中使用的 BPE 分词器的词汇表大小为 50 257，其中`<|endoftext|>`词元分配了最大的词元 ID。

4. BPE 分词器可以将未知单词分解为更小的子词单元或单个字符。这使其能够将任何单词表示为已知的子词词元或字符序列，从而无须使用特殊词元来处理未知单词，即可处理任何文本。

5. 代码示例中使用了`tiktoken`库——一个基于 Rust 代码高效实现 BPE 算法的开源 Python 库。

2.6　使用滑动窗口进行数据采样

1. 输入-目标对对于训练大语言模型必不可少，因为它们为模型提供了文本序列的示例及其对应的下一个单词。这使得大语言模型能够学习单词之间的关系，并预测在给定的上下文中最有可能出现的下一个单词。

2. 滑动窗口方法通过遍历文本序列并提取相互重叠的文本块作为输入。每个输入块会与对应的下一个单词配对作为目标。窗口会在文本中滑动，从而创建多个用于训练的输入-目标对。

3. 正确选项如下。

位置	1	2	3
答案	C	D	D

4. `stride` 参数用于确定滑动窗口的步长。较小的步长会导致更多的重叠输入块，而较大的步长会产生更少的重叠。步长的选择会影响生成的数据量和在文本中捕捉长距离依赖关系的潜力。

5. `max_length` 参数用于定义从文本中提取的输入块的大小。它决定了每个输入序列中包含的词元数量。较大的 `max_length` 能让大语言模型处理更长的上下文，但也会增加训练的计算成本。

6. 正确选项如下。

位置	1	2
答案	B	C

7. PyTorch 的 `Dataset` 类和 `DataLoader` 类提供了一种方便且有效的方法来管理和迭代大型数据集。它们支持批处理、数据打乱和并行数据加载，这对于优化大语言模型的训练过程至关重要。

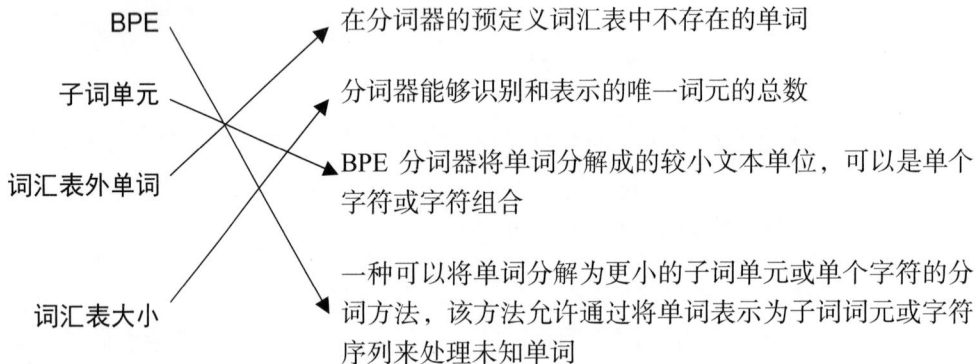

8. 术语与描述的对应关系如下。

BPE —————————— 在分词器的预定义词汇表中不存在的单词

子词单元 —————— 分词器能够识别和表示的唯一词元的总数

词汇表外单词 ———— BPE 分词器将单词分解成的较小文本单位，可以是单个字符或字符组合

词汇表大小 ———— 一种可以将单词分解为更小的子词单元或单个字符的分词方法，该方法允许通过将单词表示为子词词元或字符序列来处理未知单词

2.7　创建词元嵌入

1. 对训练类 GPT 的大语言模型来说嵌入向量是必不可少的，因为这些模型都是依赖反向传播算法进行学习的深度神经网络。反向传播需要连续的向量表示，而嵌入向量正好提供了这种表示。

2. 嵌入的权重最初被分配为随机值，这些随机值是大语言模型学习过程的起点。在训练过程中，嵌入的权重会通过反向传播算法不断被优化，从而提升模型性能。

3. 词元 ID。

4. 嵌入层本质上是一个查找表。当给定一个词元 ID 时，它会从其权重矩阵中检索出相应的嵌入向量。这个嵌入向量是词元的连续表示，使得大语言模型能够高效处理该词元。

5. 嵌入层的权重矩阵的行数等于词汇表大小，每一行对应一个唯一的词元。列数对应于嵌入维度，决定了每个词元的嵌入向量的大小。

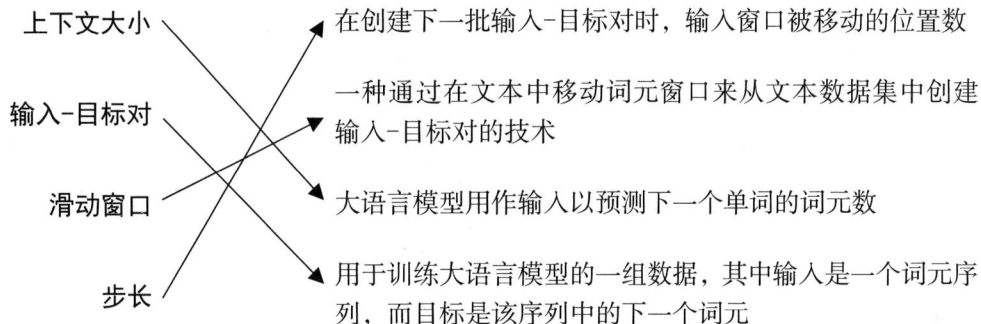

6. 术语与描述的对应关系如下。

上下文大小　　　　　　　　　　在创建下一批输入-目标对时，输入窗口被移动的位置数

输入-目标对　　　　　　　　　一种通过在文本中移动词元窗口来从文本数据集中创建输入-目标对的技术

滑动窗口　　　　　　　　　　大语言模型用作输入以预测下一个单词的词元数

步长　　　　　　　　　　　　用于训练大语言模型的一组数据，其中输入是一个词元序列，而目标是该序列中的下一个词元

2.8　编码单词位置信息

1. 大语言模型的自注意力机制缺乏词元顺序的概念。为了解决这个问题，模型引入了位置嵌入，通过这种机制为序列中的每个词元提供其位置信息。

2. 绝对位置嵌入会为序列中的每个位置分配一个唯一的嵌入，以指示它的确切位置。相对位置嵌入关注的是词元之间的相对距离，从而使模型能够更好地推广到不同长度的序列。

3. GPT 模型使用在训练期间进行优化的绝对位置嵌入，这些嵌入并非固定或预先定义，而是与模型的其他参数一同学习得到。

4. 词元嵌入通过将词元 ID 映射为向量生成，随后将位置嵌入添加到这些词元嵌入中，最终产生同时包含词元标识和位置信息的输入嵌入。

5. `token_embedding_layer` 会将词元 ID 转换为嵌入向量，而 `pos_embedding_layer` 会根据每个词元在序列中的位置生成位置嵌入。

章节练习

练习 2.1

可以通过每次只使用一个字符串作为分词器编码函数的输入来获取对应的单个词元 ID：

```
print(tokenizer.encode("Ak"))
print(tokenizer.encode("w"))
# ...
```

这将打印如下内容。

```
[33901]
[86]
# ...
```

接下来，也可以通过下面的代码来恢复原来的字符串：

```
print(tokenizer.decode([33901, 86, 343, 86, 220, e5e]))
copy
```

这将返回如下内容。

```
'Akwirw ier'
```

练习 2.2

使用 max_length=2，stride=2 选项的数据加载器的代码：

```
dataloader = create_dataloader(
    raw_text, batch_size=4, max_length=2, stride=2
)
```

会产生如下形式的批次数据。

```
tensor([[  40,  367],
        [2885, 1464],
        [1807, 3619],
        [ 402,  271]])
```

使用 max_length=8, stride=2 选项的第二个数据加载器的代码：

```
dataloader = create_dataloader(
    raw_text, batch_size=4, max_length=8, stride=2
)
```

产生的示例批次数据如下所示。

```
tensor([[   40,   367,  2885,  1464,  1807,  3619,   402,   271],
        [ 2885,  1464,  1807,  3619,   402,   271, 10899,  2138],
        [ 1807,  3619,   402,   271, 10899,  2138,   257,  7026],
        [  402,   271, 10899,  2138,   257,  7026, 15632,   438]])
```

第 3 章

编码注意力机制

本章重点探讨了对大语言模型至关重要的各类注意力机制的编码实现，尤其聚焦于 GPT 架构中使用的自注意力机制。在计算序列的表示时，自注意力机制允许输入序列中的每个位置考虑同一序列中所有其他位置的相关性或"注意程度"。自注意力机制是基于 Transformer 架构的现代大语言模型（如 GPT 系列）的关键组成部分。

所有问题的答案都可以在本章末尾找到。

主要概念速测

1. 在语言翻译任务中，尤其是处理长句子时，传统的编码器-解码器 RNN 架构存在的主要问题是什么？

   A. RNN 依赖单一隐藏状态，难以保留输入序列前半部分的上下文信息

   B. RNN 容易出现梯度消失问题，使得模型难以学习长距离依赖关系

   C. RNN 计算成本高昂且训练速度缓慢

   D. RNN 不适合处理文本等序列数据

2. 在自注意力机制中，"查询"向量的作用是什么？

   A. 查询向量用于组合键向量和值向量

   B. 查询向量用于计算注意力权重

C.　查询向量表示模型当前关注的序列元素，并用于探测其他元素的相关性

D.　查询向量用于生成输出序列

3.　注意力机制在语言模型中的主要功能是什么？

A.　提升模型处理长序列的能力

B.　降低模型的计算复杂度

C.　生成更具创造性和多样化的输出

D.　有选择性地关注输入序列的特定部分

4.　在_____机制中使用多个注意力头的主要优势是允许模型同时关注输入序列的不同方面，从而提升其捕捉复杂关系的能力。

A.　多头注意力

B.　单头注意力

C.　神经注意力

D.　注意力

5.　注意力机制中的_____的作用是在训练过程中随机丢弃一些注意力权重，防止模型过度依赖特定的连接。

A.　dropout

B.　正则化

C.　编码

D.　归一化

6.　　_____类会将多头功能集成在单个类中，而 `MultiHeadAttentionWrapper` 类会使用一系列单独的因果注意力对象。

A.　`CausalAttention`

B.　`MultiHeadAttention`

C.　`Functionality`

D.　`SelfAttention`

7.　在 `MultiHeadAttention` 类中，输出投影层的作用是什么？

A.　将注意力头的组合输出转换为目标输出维度

B.　降低注意力机制的计算复杂度

C.　确保注意力权重之和为 1

D.　提高模型对噪声的健壮性

分节习题

接下来，我们将更加详细地探讨本章内容。

3.1　长序列建模中的问题

1.　将文本从一种语言翻译为另一种语言的主要挑战是什么？为什么不能简单地逐字翻译？

2.　描述编码器和解码器在语言翻译模型中的作用。

3.　编码器-解码器 RNN 在处理长序列时的主要限制是什么？

4.　解释编码器-解码器 RNN 中隐藏状态的概念。

3.2 使用注意力机制捕捉数据依赖关系

1. RNN 在翻译较长文本时的主要局限性是什么？

2. 在大语言模型中，自注意力机制的核心意义是什么？

3. 将左侧的术语与右侧的描述进行匹配。

注意力机制	一种依赖自注意力机制来处理序列数据的神经网络架构，能够处理长距离依赖关系，在机器翻译和文本生成等任务中的表现优于传统的 RNN
自注意力	一个基于 Transformer 架构的大语言模型系列，以其出色的类似人类语言文本生成、语言翻译以及各种其他语言相关任务的处理能力而著称
Transformer 架构	一种使神经网络在生成输出时能够专注于输入序列的特定部分的技术，该技术不仅能捕捉长距离依赖关系，还能显著提升机器翻译等任务的性能表现
GPT 系列	一种注意力机制，其中序列中的每个元素都可以关注同一序列中的所有其他元素，从而使模型能够学习输入中的联系和依赖关系

3.3 通过自注意力机制关注输入的不同部分

1. 自注意力机制中的"自"（self）指的是什么？

2. 解释自注意力机制中上下文向量的概念。

3. 自注意力机制中注意力分数的作用是什么？

4. 为什么要对注意力分数进行归一化处理？

5. 以下代码的位置 1 处被移除的函数是什么？

```
query = inputs[1]
attn_scores_2 = torch.empty(inputs.shape[0])
for i, x_i in enumerate(inputs):
    attn_scores_2[i] = torch.__1__(x_i, query)
print(attn_scores_2)
```

6. softmax 函数在自注意力机制中的作用是什么？

7. 下图显示了一个简单的注意力机制。每个标签分别代表什么？

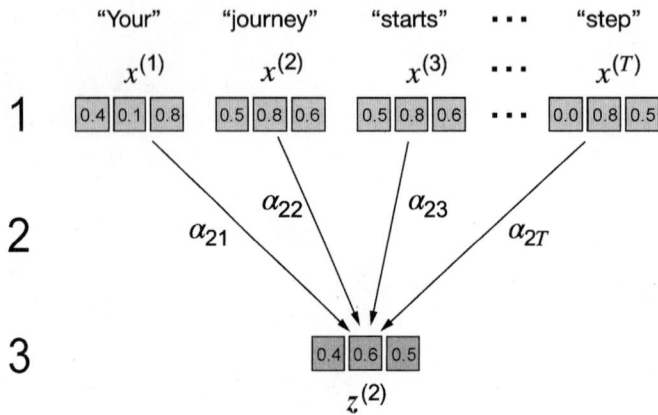

请在下表中填写你的答案。

标签	描述
1	
2	
3	

8. 如何使用注意力权重计算上下文向量？

9. 将左侧的术语与右侧的描述进行匹配。

上下文向量 　　作为查询元素与所有其他输入元素之间点积计算所得的中间值，用于表示元素间的相似度或注意力权重

注意力分数 　　经过归一化处理后总和为 1 的注意力分数，表示每个输入元素对上下文向量的相对重要性或贡献程度

注意力权重 　　一种融合了特定输入元素与输入序列中所有其他元素信息的增强型嵌入向量，可生成更全面的特征表示

3.4　实现带可训练权重的自注意力机制

1. 解释在自注意力机制中权重矩阵 Wq、Wk 和 Wv 的作用。

2. 描述在自注意力机制中计算注意力分数和注意力权重的过程。

3. 在缩放点积注意力机制中，为什么要通过嵌入维度（d_k）的平方根进行缩放？

4. 选择正确选项，补全下面代码中缺失的部分。

A. softmax 　　B. dim=-1 　　C. W_value 　　D. Linear 　　E. torch

```python
class SelfAttention_v2(nn.Module):
    def __init__(self, d_in, d_out, qkv_bias=False):
        super().__init__()
        self.W_query = nn.Linear(d_in, d_out, bias=qkv_bias)
        self.W_key   = nn.Linear(d_in, d_out, bias=qkv_bias)
        self.__1__   = nn.Linear(d_in, d_out, bias=qkv_bias)

    def forward(self, x):
        keys = self.W_key(x)
        queries = self.W_query(x)
        values = self.W_value(x)
        attn_scores = queries @ keys.T
        attn_weights = __2__.softmax(
            attn_scores / keys.shape[-1]**0.5, __3__
        )
        context_vec = attn_weights @ values
        return context_vec
```

请在下表中填写你的答案。

位置	1	2	3
答案			

5. SelfAttention_v1 和 SelfAttention_v2 这两个类的作用分别是什么？它们在实现方式上有何不同？

3.5 利用因果注意力隐藏未来词汇

1. 因果注意力机制的作用是什么？它与标准的自注意力机制有何不同？

2. 下面这张图展示了什么内容？

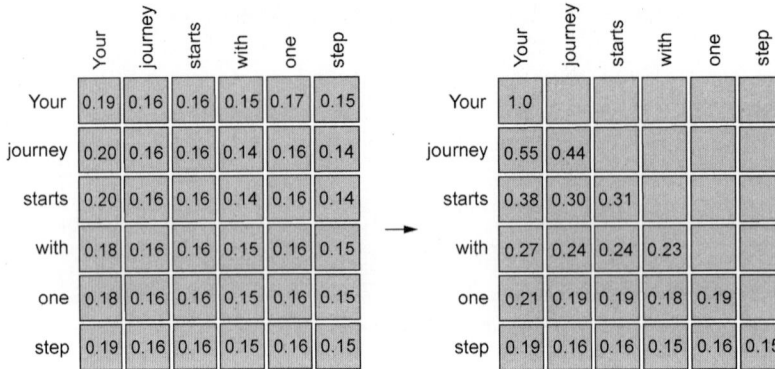

3. 描述将因果注意力掩码应用于注意力权重的过程。这样做的目的是什么？

4. 解释因果注意力机制中"信息泄露"的概念，并说明如何解决这一问题。

5. 在注意力机制中使用 dropout 的目的是什么？在因果注意力机制中如何应用 dropout？

6. 在 CausalAttention 类中，register_buffer 方法的意义是什么？

7.　将左侧的术语与右侧的描述进行匹配。

因果注意力　　　　　用于将输入词元投影为查询向量、键向量和值向量，进而计算注意力分数和权重

可训练的权重矩阵　　用于在计算过程中有选择性地隐藏某些值，通常用于实现因果注意力机制

掩码　　　　　　　　一种特殊形式的自注意力机制，它限制模型在处理序列中任一给定词元时，仅能关注当前及先前的输入内容

3.6　将单头注意力扩展到多头注意力

1.　在大语言模型中，多头注意力机制的主要作用是什么？

2.　`MultiHeadAttentionWrapper` 类如何实现多头注意力机制？

3.　解释 `MultiHeadAttentionWrapper` 类和 `MultiHeadAttention` 类之间的关键区别。

4.　选择正确选项，补全下面代码中缺失的部分。

A. `'mask'`　　B. `torch`　　C. `dropout`　　D. `-torch.inf`

E. `W_value`　　F. `Linear`

```python
class CausalAttention(nn.Module):
    def __init__(self, d_in, d_out, context_length,
                 dropout, qkv_bias=False):
        super().__init__()
        self.d_out = d_out
        self.W_query = nn.Linear(d_in, d_out, bias=qkv_bias)
        self.W_key   = nn.Linear(d_in, d_out, bias=qkv_bias)
        self.W_value = nn.Linear(d_in, d_out, bias=qkv_bias)
        self.dropout = nn.Dropout(dropout)
        self.register_buffer(
            ___1___,
            torch.triu(torch.ones(context_length, context_length),
            diagonal=1)
        )
```

```
def forward(self, x):
    b, num_tokens, d_in = x.shape
    keys = self.W_key(x)
    queries = self.W_query(x)
    values = self.  2  (x)

    attn_scores = queries @ keys.transpose(1, 2)
    attn_scores.masked_fill_(
        self.mask.bool()[:num_tokens, :num_tokens],  3  )
    attn_weights = torch.softmax(
        attn_scores / keys.shape[-1]**0.5, dim=-1
    )
    attn_weights = self.  4  (attn_weights)

    context_vec = attn_weights @ values
    return context_vec
```

请在下表中填写你的答案。

位置	1	2	3	4
答案				

5. MultiHeadAttention 类中的输出投影层的作用是什么?

6. 为什么 MultiHeadAttention 类比 MultiHeadAttentionWrapper 类效率更高?

7. 将左侧的术语与右侧的描述进行匹配。

掩码注意力	将注意力机制分割为多个独立的"头",其中每个头拥有一组独立的权重参数,以增强模式识别能力并提升模型性能
dropout	一种在训练过程中使用的技术,通过随机忽略隐藏层中的部分单元,防止模型过度依赖特定单元组合,从而有效避免过拟合
多头注意力	一种特殊形式的自注意力机制,其限定模型在处理序列中的任一给定词元时,仅能考虑该词元之前及当前的输入信息

章节练习

练习 3.1　比较 **SelfAttention_v1** 和 **SelfAttention_v2**

注意，SelfAttention_v2 中的 nn.Linear 使用了与 SelfAttention_v1 中的 nn.Parameter (torch.rand(d_in, d_out))不同的权重初始化方式，这导致两种机制的输出结果不同。为了确认 SelfAttention_v1 和 SelfAttention_v2 的其他方面是否相同，可以将 SelfAttention_v2 对象的权重矩阵转移到 SelfAttention_v1 对象中，这样两个对象就会产生相同的结果。

你的任务是将 SelfAttention_v2 实例中的权重正确分配给 SelfAttention_v1 实例。为此，需要了解两个版本中的权重之间的关系。（提示：nn.Linear 以转置的形式存储权重矩阵。）完成分配后，应该能够观察到这两个实例产生了相同的输出。

练习 3.2　返回二维嵌入向量

更改 MultiHeadAttentionWrapper(..., num_heads=2)调用的输入参数，使输出上下文向量是二维而不是四维，同时保持设置 num_heads=2。（提示：不需要修改类实现，只需要改变另一个输入参数。）

练习 3.3　初始化 GPT-2 大小的注意力模块

使用 MultiHeadAttention 类初始化一个多头注意力模块，该模块应具有与最小的 GPT-2 模型相同数量的注意力头（12 个）。同时，确保使用与 GPT-2 相似的输入和输出嵌入维度（768）。请注意，最小的 GPT-2 模型支持 1024 个词元的上下文长度。

答案

主要概念速测

1. A
2. C
3. D
4. A
5. A
6. B
7. A

分节习题

3.1 长序列建模中的问题

1. 将文本从一种语言翻译为另一种语言的主要挑战在于不同语言的语法结构差异巨大。逐字翻译通常无法准确表达原文的语义和语境，因为句子结构和词序存在显著差异。

2. 编码器负责处理整个输入文本，并将其语义编码为一个隐藏状态。然后，解码器会利用这个隐藏状态逐词生成翻译后的文本。

3. 编码器-解码器 RNN 在解码时仅依赖当前隐藏状态，这种机制容易导致上下文信息丢失，尤其是当复杂句子中存在长距离依赖关系时。

4. 隐藏状态是输入序列的压缩表示，蕴含了整个文本的语义信息。它相当于一个记忆单元，解码器可以利用它来逐步生成翻译输出。

3.2 使用注意力机制捕捉数据依赖关系

1. RNN 在处理长文本时存在困难，因为在解码之前，它们需要在单个隐藏状态中记住整个序列的编码信息，这使得早期输入的信息难以有效保留。

2. 自注意力机制是基于 Transformer 架构的现代大语言模型（如 GPT 系列）的核心组件，该组件使模型能够捕捉长距离依赖关系，并理解句子中词语间的语义关联。

3. 术语与描述的对应关系如下。

注意力机制 ─────┐
　　　　　　　　　│　一种依赖自注意力机制来处理序列数据的神经网络架构，能够处理长距离依赖关系，在机器翻译和文本生成等任务中的表现优于传统的 RNN

自注意力 ─────┐
　　　　　　　　　│　一个基于 Transformer 架构的大语言模型系列，以其出色的类似人类语言文本生成、语言翻译以及各种其他语言相关任务的处理能力而著称

Transformer 架构 ─────┐
　　　　　　　　　│　一种使神经网络在生成输出时能够专注于输入序列的特定部分的技术，该技术不仅能捕捉长距离依赖关系，还能显著提升机器翻译等任务的性能表现

GPT 系列 ─────┐
　　　　　　　　　│　一种注意力机制，其中序列中的每个元素都可以关注同一序列中的所有其他元素，从而使模型能够学习输入中的联系和依赖关系

3.3　通过自注意力机制关注输入的不同部分

1. 自注意力机制中的"自"（self）指的是该机制能够通过关联同一输入序列内部的不同位置来计算注意力权重。该机制可自主评估并学习输入数据各部分之间的关系和依赖性。

2. 上下文向量是一种增强型嵌入向量，它整合了输入序列中所有其他元素的信息。通过分析元素间的关联关系，它实现了对每个元素的深层语义理解。

3. 注意力分数是表示查询元素与输入序列中其他各元素间相似度的中间值。它们是通过点积计算得出的，体现了模型对每个元素的关注程度。

4. 对注意力分数进行归一化处理，可以得到总和为 1 的注意力权重。这种归一化处理是一种惯例，有助于提升模型的可解释性与训练稳定性。

5. dot()函数已被移除。该函数用于计算查询向量的点积。

6. softmax 函数用于对注意力分数进行归一化处理，以确保生成的注意力权重始终为正值且总和为 1。这种方法使注意力权重更稳定，并且更易于解释为概率或相对重要性。

7. 图中的各个标签表示如下。

标签	描述
1	第一个词元对应的输入向量
2	用于衡量输入 $x^{(1)}$ 的重要程度的注意力权重
3	上下文向量 $z^{(2)}$ 由所有输入向量相对于输入元素 $x^{(2)}$ 加权计算所得

8. 上下文向量的计算方式为：将输入词元的嵌入向量与对应的注意力权重相乘，再将所得向量求和。这种加权求和的方式融合了所有输入元素的信息，从而为每个元素构建出了更丰富的表示。

9. 术语与描述的对应关系如下。

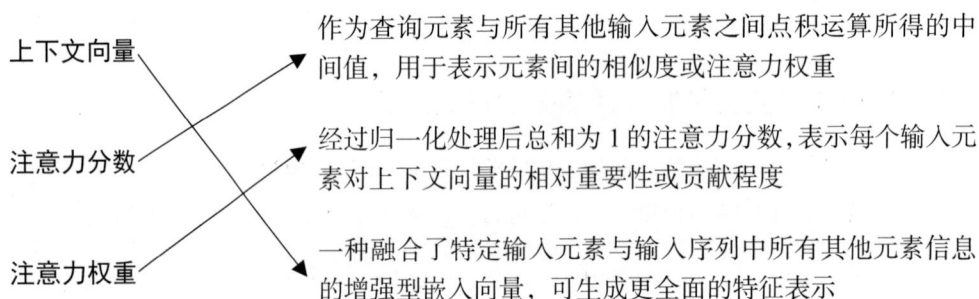

作为查询元素与所有其他输入元素之间点积运算所得的中间值，用于表示元素间的相似度或注意力权重

经过归一化处理后总和为 1 的注意力分数，表示每个输入元素对上下文向量的相对重要性或贡献程度

一种融合了特定输入元素与输入序列中所有其他元素信息的增强型嵌入向量，可生成更全面的特征表示

3.4　实现带可训练权重的自注意力机制

1. 矩阵 W_q、W_k 和 W_v 分别用于将嵌入后的输入词元投影为查询向量、键向量和值向量。通过这种投影，模型能够学习输入序列中各部分之间的关系，并确定每个输入元素在生成上下文向量时的重要性。

2. 注意力分数通过查询向量与每个键向量的点积计算得到。随后，这些分数经由 softmax 函数进行归一化，得到注意力权重。这些权重体现了每个输入元素对当前查询的重要程度。

3. 使用 d_k 的平方根进行缩放有助于防止在反向传播过程中出现梯度过小的问题，特别是在嵌入维度较大的情况下。这种缩放可以使 softmax 函数的输入保持在更稳定的范围内，从而提升模型训练的效果。

4. 正确选项如下。

位置	1	2	3
答案	C	E	B

5. 这两个类都实现了自注意力机制。SelfAttention_v1 使用 nn.Parameter 手动初始化权重，而 SelfAttention_v2 使用 nn.Linear 层来构建权重矩阵。后者提供了更优化的权重初始化方式，从而提升了训练的稳定性。

3.5　利用因果注意力隐藏未来词汇

1. 因果注意力（也称"掩码注意力"）机制限制模型在处理序列中的任一给定词元时，只能考虑当前及先前的输入内容。相比之下，标准的自注意力机制允许模型同时访问整个输入序列的所有信息。

2. 图示表明，在因果注意力中，我们会对对角线以上的注意力权重进行掩码处理，以确保大语言模型在计算上下文向量时无法访问未来的词元。

3. 因果注意力掩码通过将注意力权重矩阵中对角线以上的元素清零来实现，这样可以有效地阻止模型关注未来的词元。这确保了模型的预测仅基于过去和当前的信息。

4. "信息泄露"指的是被掩码的位置仍可能影响 softmax 计算的情况。然而，在掩码操作后重新归一化注意力权重可以有效地消除被掩码位置的影响，从而确保未来词元不会发生信息泄露。

5. dropout 是一种通过在训练过程中随机丢弃隐藏层单元来防止过拟合的技术。在因果注意力机制中，dropout 通常在计算完注意力权重后应用，它会随机将部分权重归零并对剩余的权重进行适当缩放。

6. register_buffer 方法可以确保因果掩码随模型自动移动到相应的设备（如 CPU 或 GPU），从而避免训练过程中出现设备不匹配的错误。

7. 术语与描述的对应关系如下。

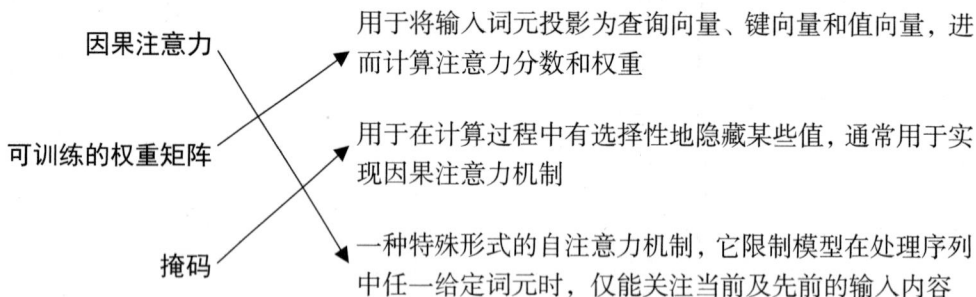

因果注意力 —— 用于将输入词元投影为查询向量、键向量和值向量，进而计算注意力分数和权重

可训练的权重矩阵 —— 用于在计算过程中有选择性地隐藏某些值，通常用于实现因果注意力机制

掩码 —— 一种特殊形式的自注意力机制，它限制模型在处理序列中任一给定词元时，仅能关注当前及先前的输入内容

3.6 将单头注意力扩展到多头注意力

1. 多头注意力机制使大语言模型能够通过不同的线性投影多次运行注意力机制，从而以不同的视角处理信息。这使得模型能够捕捉输入数据中更复杂的模式和关系。

2. `MultiHeadAttentionWrapper` 类会创建多个 `CausalAttention` 模块实例，每个实例代表一个独立的注意力头。随后，它会将这些注意力头的输出通过拼接的方式合并起来。

3. `MultiHeadAttentionWrapper` 类通过堆叠多个单头注意力模块来实现多头注意力机制，而 `MultiHeadAttention` 类在单个类内部集成了多头注意力功能。具体而言，`MultiHeadAttention` 类通过对投影后的查询向量、键向量和值张量进行重塑，将输入分割为多个注意力头，并在完成注意力计算后将这些头的结果重新组合。

4. 正确选项如下。

位置	1	2	3	4
答案	A	E	D	C

5. `MultiHeadAttention` 类中的输出投影层用于将所有注意力头的组合输出重新映射回原始嵌入维度。这个投影层并非强制必需，但在许多大语言模型架构中普遍存在。

6. `MultiHeadAttention` 类的效率更高是因为它只需对查询、键和值执行一次矩阵乘法运算，而不需要像 `MultiHeadAttentionWrapper` 类那样为每个注意力头重复计算。

7.　术语与描述的对应关系如下。

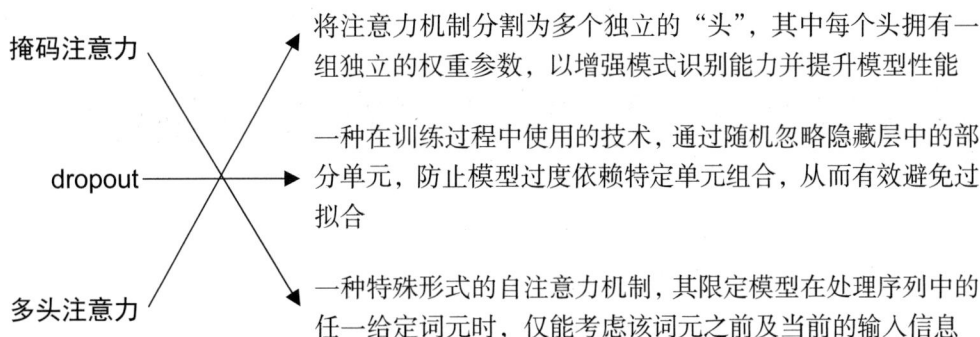

掩码注意力　　　　　　　　　将注意力机制分割为多个独立的"头"，其中每个头拥有一组独立的权重参数，以增强模式识别能力并提升模型性能

dropout　　　　　　　　　一种在训练过程中使用的技术，通过随机忽略隐藏层中的部分单元，防止模型过度依赖特定单元组合，从而有效避免过拟合

多头注意力　　　　　　　　　一种特殊形式的自注意力机制，其限定模型在处理序列中的任一给定词元时，仅能考虑该词元之前及当前的输入信息

章节练习

练习 3.1

正确的权重赋值的代码如下所示。

```
sa_v1.W_query = torch.nn.Parameter(sa_v2.W_query.weight.T)
sa_v1.W_key = torch.nn.Parameter(sa_v2.W_key.weight.T)
sa_v1.W_value = torch.nn.Parameter(sa_v2.W_value.weight.T)
```

练习 3.2

为了让输出的维度变为 2（类似于我们在单头注意力中所做的那样），需要把投影的维度从 d_out 改成 1。

```
d_out = 1
mha = MultiHeadAttentionWrapper(d_in, d_out, block_size, 0.0, num_heads=2)
```

练习 3.3

最小的 GPT-2 模型的初始化代码如下所示。

```
block_size = 1024
d_in, d_out = 768, 768
num_heads = 12
mha = MultiHeadAttention(d_in, d_out, block_size, 0.0, num_heads)
```

第 4 章

从头实现 GPT 模型进行文本生成

本章重点讲解了如何实现一个类 GPT 的大语言模型架构，该架构包含了基于第 3 章介绍的掩码多头注意力模块所构建的 Transformer 块。本章解释了层归一化、前馈神经网络、快捷连接（也称为"跳跃连接"或"残差连接"）等概念。此外，本章还介绍了如何组装 GPT 模型并逐个生成文本词元。本章以参数量为 1.24 亿的 GPT-2 模型为参考，详细说明了其配置，并演示了如何实例化该模型。

所有问题的答案都可以在本章末尾找到。

主要概念速测

1. 在 GPT_CONFIG_124M 字典中，context_length 参数的作用是什么？

   A. 指定模型中 Transformer 块的数量

   B. 表示多头注意力机制中注意力头的数量

   C. 代表嵌入的维度，用于将每个词元转换为向量

   D. 表示模型通过位置嵌入可以处理的最大输入词元数量

2. GPT 模型中层归一化的主要目的是将神经网络层的激活调整为均值为 0 且_____为 1。

   A. 方差

   B. 梯度

    C.　权重

    D.　标准差

3.　在大语言模型中，层归一化相较于批归一化的主要优势是什么？

    A.　层归一化比批归一化更适合处理序列数据

    B.　层归一化对每个输入独立进行归一化，与批大小无关

    C.　层归一化在计算上比批归一化更高效

    D.　层归一化在防止过拟合方面比批归一化更有效

4.　在 GPT-2 等大语言模型中，通常采用哪种比 ReLU 更平滑的激活函数？

    A.　Leaky ReLU

    B.　GELU（Gaussian Error Linear Unit）

    C.　sigmoid

    D.　Tanh

5.　深度神经网络中快捷连接的主要作用是什么？

    A.　减少模型中的参数量

    B.　在训练的反向传播过程中保持梯度流动

    C.　在训练过程中通过丢弃神经元来防止过拟合

    D.　提高模型的计算效率

6.   GPT 模型中 Transformer 块的主要组成部分有哪些？

   A.   卷积层、池化层和 maxout 激活函数

   B.   线性层、ReLU 激活函数和批归一化

   C.   多头注意力机制、层归一化、dropout、前馈层和 GELU 激活函数

   D.   词元嵌入、位置嵌入和 dropout

7.   GPT 模型在未经训练时会生成乱码的主要原因是什么？

   A.   模型没有使用正确的激活函数

   B.   模型没有使用正确的分词器

   C.   模型尚未学习语言中词语与模式之间的关联规律

   D.   模型没有使用正确的 dropout 率

分节习题

接下来，我们将更加详细地探讨本章内容。

4.1   构建一个大语言模型架构

1.   GPT 模型的设计目标是什么？它是如何实现这一目标的？

2. 下图中的 3 个标签分别代表什么?

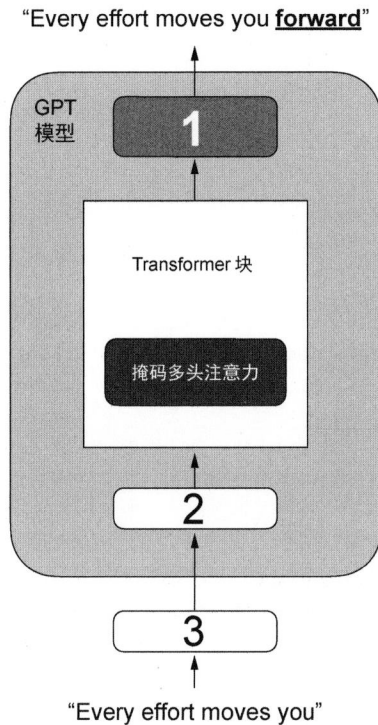

"Every effort moves you **forward**"

GPT
模型

1

Transformer 块

掩码多头注意力

2

3

"Every effort moves you"

请在下表中填写你的答案。

标签	1	2	3
描述			

3. GPT 模型的核心组件有哪些? 这些组件如何协同实现模型功能?

4. 在 GPT 等大语言模型中,"参数"指的是什么?

5. GPT-2 和 GPT-3 的主要区别是什么? 为什么在学习大语言模型时, GPT-2 是更好的选择?

6. 请描述 GPT_CONFIG_124M 字典的用途, 并解释其中每个键-值对的含义。

7. DummyGPTModel 类在代码中的作用是什么? 它如何帮助构建 GPT 模型?

4.2　使用层归一化进行归一化激活

1.　层归一化在神经网络中的主要作用是什么？它如何帮助改善训练过程中的动态表现？

2.　在 GPT-2 和现代 Transformer 架构中，层归一化通常被放置在什么位置？

3.　选择正确选项，补全下面代码中缺失的部分。

A. mean　　B. zeroes　　C. norm_x　　D. ones　　E. scale　　F. zeros

```python
class LayerNorm(nn.Module):
    def __init__(self, emb_dim):
        super().__init__()
        self.eps = 1e-5
        self.scale = nn.Parameter(torch.___1___(emb_dim))
        self.shift = nn.Parameter(torch.___2___(emb_dim))

    def forward(self, x):
        mean = x.mean(dim=-1, keepdim=True)
        var = x.var(dim=-1, keepdim=True, unbiased=False)
        norm_x = (x - mean) / torch.sqrt(var + self.eps)
        return self.scale * ___3___ + self.shift
```

请在下表中填写你的答案。

位置	1	2	3
答案			

4.　有偏方差计算与无偏方差计算的主要区别是什么？为什么在大语言模型中更倾向于使用有偏方差计算？

5.　层归一化与批归一化的主要区别是什么？为什么在大语言模型中通常更倾向于使用层归一化？

6. 将左侧的术语与右侧的描述进行匹配。

Transformer 块　　　　　神经网络模型中可训练的权重，在训练过程中通过不断调整这些权重来最小化特定的损失函数

层归一化　　　　　神经网络模型在应用 softmax 函数前的输出结果，代表每个可能输出类别未经归一化的概率值

参数　　　　　GPT 模型的核心构建块，由掩码多头注意力模块和前馈神经网络组成，这些组件会按顺序对输入数据进行处理

logits　　　　　一种对神经网络每一层的输出进行标准化的技术，使数据均值为 0 且标准差为 1，从而提升模型的稳定性与性能

4.3　实现具有 GELU 激活函数的前馈神经网络

1. 什么是 GELU 激活函数？它与 ReLU 激活函数有何不同？

2. 解释大语言模型中 FeedForward 模块的作用和结构。

3. 选择正确选项，补全下面代码中缺失的部分。

A. ReLU　　　B. Linear　　　C. Embedding　　　D. GELU　　　E. Sequential

```python
class FeedForward(nn.Module):
    def __init__(self, cfg):
        super().__init__()
        self.layers = nn.___1___(
            nn.Linear(cfg["emb_dim"], 4 * cfg["emb_dim"]),
            ___2___(),
            nn.Linear(4 * cfg["emb_dim"], cfg["emb_dim"]),
        )

    def forward(self, x):
        return self.layers(x)
```

请在下表中填写你的答案。

位置	1	2
答案		

4. FeedForward 模块如何提升模型对数据的学习与泛化能力?

5. FeedForward 模块保持输入与输出维度相同的意义是什么?

4.4 添加快捷连接

1. 什么是梯度消失问题? 它如何影响深度神经网络的训练?

2. 什么是快捷连接? 它如何缓解梯度消失问题?

3. 在下面这段代码中,快捷连接是如何实现的?

```python
class ExampleDeepNeuralNetwork(nn.Module):
    def __init__(self, layer_sizes, use_shortcut):
        super().__init__()
        self.use_shortcut = use_shortcut
        self.layers = nn.ModuleList([
            nn.Sequential(nn.Linear(layer_sizes[0], layer_sizes[1]),
                          GELU()),
            nn.Sequential(nn.Linear(layer_sizes[1], layer_sizes[2]),
                          GELU()),
            nn.Sequential(nn.Linear(layer_sizes[2], layer_sizes[3]),
                          GELU()),
            nn.Sequential(nn.Linear(layer_sizes[3], layer_sizes[4]),
                          GELU()),
            nn.Sequential(nn.Linear(layer_sizes[4], layer_sizes[5]),
                          GELU())
        ])

    def forward(self, x):
        for layer in self.layers:
            layer_output = layer(x)
            if self.use_shortcut and x.shape == layer_output.shape:
                x = x + layer_output
            else:
                x = layer_output
        return x
```

4. `print_gradients` 函数的作用是什么？它如何体现快捷连接的有效性？

5. 下图中左侧是一个由 5 层组成的深度神经网络，右侧是带有快捷连接的网络。为什么右侧网络中的梯度值更大？

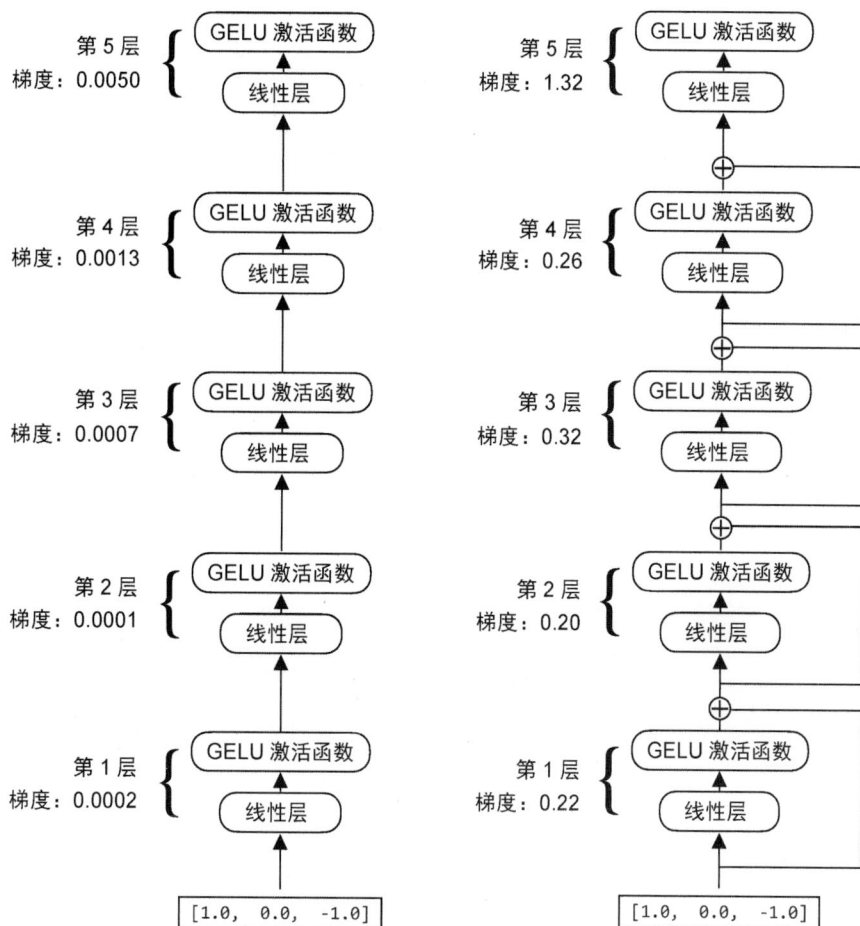

4.5　连接 Transformer 块中的注意力层和线性层

1. Transformer 块的核心组件有哪些？它们如何协同处理输入序列？

2. 解释前层归一化（Pre-LayerNorm）的概念及其在 Transformer 架构中的重要性。

3. 描述快捷连接在 Transformer 块中的作用及其对梯度流动的影响。

4. Transformer 块如何确保其输出维度与输入维度相同？

5. Transformer 块如何将整个输入序列的上下文信息整合到输出中？

4.6   实现 GPT 模型

1. GPTModel 类的作用是什么？它与 TransformerBlock 类之间有什么关系？

2. LayerNorm 层在 GPTModel 架构中扮演什么角色？

3. 什么是权重共享？它对 GPT 模型的参数量有何影响？

4. 描述将 GPTModel 输出转换为文本的过程。

5. 选择正确选项，补全下面代码中缺失的部分。

   A. Embedding   B. Dropout   C. LayerNorm   D. Linear   E. Sequential

```
class GPTModel(nn.Module):
    def __init__(self, cfg):
        super().__init__()
        self.tok_emb = nn.Embedding(cfg["vocab_size"], cfg["emb_dim"])
        self.pos_emb = nn.Embedding(cfg["context_length"], cfg["emb_dim"])
        self.drop_emb = nn.___1___(cfg["drop_rate"])

        self.trf_blocks = nn.___2___(
            *[TransformerBlock(cfg) for _ in range(cfg["n_layers"])])

        self.final_norm = LayerNorm(cfg["emb_dim"])
        self.out_head = nn.___3___(
            cfg["emb_dim"], cfg["vocab_size"], bias=False
        )
```

请在下表中填写你的答案。

位置	1	2	3
答案			

6. Transformer 块的数量如何影响 GPT 模型的复杂度与性能?

7. 将左侧的术语与右侧的描述进行匹配。

多头注意力	一种对层的激活值进行归一化的技术，使其均值为 0 且标准差为 1，从而提升模型的稳定性与性能
层归一化	允许梯度直接从层的输入流向输出，从而有效缓解梯度消失问题，并支持更深层模型的训练
快捷连接	允许模型同时关注输入序列的不同部分，从而捕捉单词和短语之间的复杂关系

4.7　生成文本

1. 解释 GPT 模型从其输出张量开始生成文本的过程。

2. 描述 softmax 函数在文本生成过程中的作用。

3. `generate_text_simple` 函数的作用是什么? 它是如何工作的?

4. 为什么在 `generate_text_simple` 函数中 softmax 步骤在技术上是冗余的?

5. 贪婪解码方法在文本生成中的意义是什么?

6. 为什么未经训练的 GPT 模型会生成毫无意义的乱码?

7. 将 `GPTModel` 架构的实现步骤按正确顺序排列。

A. 初始化词元嵌入、位置嵌入、dropout 以及线性输出层

B. 实现前向传播过程，将嵌入层、Transformer 块、层归一化和输出层依次组合起来

C. 创建一个包含多个 `TransformerBlock` 实例的顺序容器

D. 创建一个继承自 nn.Module 的 `GPTModel` 类

请在下表中填写你的答案。

顺序	步骤
1	
2	
3	
4	

章节练习

练习 4.1　前馈模块和注意力模块的参数量

计算前馈模块和注意力模块所包含的参数量，并进行对比。

练习 4.2　初始化更大的 GPT 模型

我们已经初始化了一个参数量为 1.24 亿的 GPT 模型，即 "GPT-2 small"。在不修改代码的情况下，只需更新配置文件，即可使用 GPTModel 类实现 GPT-2 medium（具有 1024 维嵌入、24 个 Transformer 块和 16 个多头注意力头）、GPT-2 large（具有 1280 维嵌入、36 个 Transformer 块和 20 个多头注意力头）和 GPT-2 xl（具有 1600 维嵌入、48 个 Transformer 块和 25 个多头注意力头）。同时，计算每个 GPT 模型的参数总数。

练习 4.3　使用单独的 dropout 参数

在本章开头，我们在 GPT_CONFIG_124M 字典中定义了一个全局的 drop_rate 设置来控制 GPTModel 架构中各个位置的 dropout 率。请修改代码，为模型架构中的不同 dropout 层指定不同的 dropout 值。（提示：模型中有 3 个不同的 dropout 层，即嵌入层、快捷连接层和多头注意力模块。）

答案

主要概念速测

1. D
2. A
3. B
4. B
5. B
6. C
7. C

分节习题

4.1　构建一个大语言模型架构

1. GPT 模型的设计目标是逐词生成新文本。它通过一个规模庞大的深度神经网络架构，从海量的文本数据集中学习模式，并利用这些模式预测序列中的下一个词。

2. 图中的各个标签表示如下。

标签	1	2	3
描述	输出层	嵌入层	词元化文本

3. GPT 模型的核心组件包括嵌入层、Transformer 块和输出层。嵌入层可以将单词转换为数值表示，Transformer 块用于处理这些数值表示以捕捉单词之间的关系，输出层则会预测词汇表中每个单词出现的概率。

4. 在大语言模型中，参数指的是模型的可训练权重。这些权重在训练过程中会不断调整，以最小化损失函数，从而使模型能够从训练数据中学习，并提高其生成文本的能力。

5. GPT-3 是比 GPT-2 规模更大、参数更多且训练数据更丰富的语言模型。然而，由于 GPT-2 的预训练权重是公开的，并且可以在单台笔记本电脑上运行，因此在学习大模型实现时更适用，而 GPT-3 需要依赖 GPU 集群来完成训练和推断。

6. GPT_CONFIG_124M 字典定义了小型 GPT-2 模型的配置，其中涵盖词汇表大小、上下文长度、嵌入维度、注意力头数、网络层数、dropout 率、查询-键-值偏置等参数。这些参数共同决定了模型的架构和行为特征。

7. DummyGPTModel 类为 GPT 模型提供了占位架构，明确了模型的主要组件及其执行顺序。该类通过定义数据流并为各独立组件的实现提供框架，为构建完整 GPT 模型奠定了开发基础。

4.2 使用层归一化进行归一化激活

1. 层归一化旨在通过调整神经网络某一层的激活值，使其均值为 0 且方差为 1，从而稳定并加速神经网络训练。这个归一化过程有助于防止梯度消失或梯度爆炸，确保训练过程稳定可靠。

2. 在 GPT-2 和现代 Transformer 架构中，层归一化通常应用于多头注意力模块的前后。此外，它也被应用在最终输出层之前。

3. 正确选项如下。

位置	1	2	3
答案	D	F	C

4. 有偏方差计算使用输入数量 n 作为分母，而无偏方差计算使用 $n-1$ 作为分母来纠正偏差。在大语言模型中，当嵌入维度 n 很大时，这两种方法之间的差异可以忽略不计。因此，为了与 GPT-2 的归一化层及 TensorFlow 的默认行为保持一致，通常优先使用有偏方差计算方法。

5. 层归一化是在特征维度上进行归一化，而批归一化是在批次维度上进行归一化。相比之下，层归一化具有更强的灵活性和稳定性，尤其适用于批次大小不同或资源受限的场景，因此更适合大语言模型的训练。

6.　术语与描述的对应关系如下。

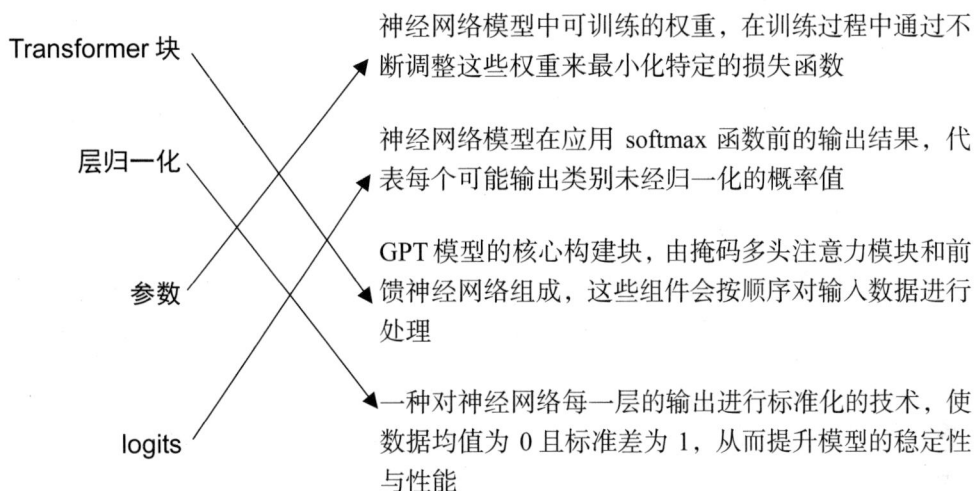

Transformer 块　　　神经网络模型中可训练的权重，在训练过程中通过不断调整这些权重来最小化特定的损失函数

层归一化　　　神经网络模型在应用 softmax 函数前的输出结果，代表每个可能输出类别未经归一化的概率值

参数　　　GPT 模型的核心构建块，由掩码多头注意力模块和前馈神经网络组成，这些组件会按顺序对输入数据进行处理

logits　　　一种对神经网络每一层的输出进行标准化的技术，使数据均值为 0 且标准差为 1，从而提升模型的稳定性与性能

4.3　实现具有 GELU 激活函数的前馈神经网络

1.　GELU 激活函数是一种平滑的非线性函数，近似于 ReLU 激活函数，但对几乎所有负值都保持非零梯度。与 ReLU 在负输入时直接输出 0 不同，GELU 允许负值产生微小的非零输出。

2.　FeedForward 模块是由两个线性层和一个 GELU 激活函数组成的小型神经网络。它会将嵌入维度扩展到更高维的空间，在进行非线性变换后再收缩回原始维度，从而实现更丰富的特征表示学习。

3.　正确选项如下。

位置	1	2
答案	E	D

4.　FeedForward 模块通过嵌入维度的扩展与收缩来探索更丰富的表示空间，从而增强模型对数据的学习与泛化能力。这种机制使得模型能够捕捉数据中更复杂的关系。

5. 输入与输出维度的一致性简化了架构的设计，使得无须调整维度即可堆叠多个层级，从而显著提升了模型的可扩展性。

4.4　添加快捷连接

1. 梯度消失问题指的是在深度神经网络的反向传播过程中，梯度会随着层数的增加而不断减小，导致难以有效训练浅层网络。这种现象会阻碍模型的学习进程，使其无法达到最佳性能。

2. 快捷连接通过绕过某些网络层，为梯度提供了额外的传播路径。这种机制能在反向传播过程中保持梯度流动，从而缓解梯度消失问题，使更深层网络的训练更加高效。

3. 在所给的代码中，快捷连接通过将某一层的输出与后续层的输出相加来实现。这一操作基于 use_shortcut 属性有条件地执行，从而在前向传播过程中灵活地启用或禁用快捷连接。

4. print_gradients 函数用于计算并显示模型中每一层的平均绝对梯度值。通过对比有无快捷连接的模型梯度值，我们可以清晰地看到，快捷连接有助于保持各层之间梯度的稳定流动，从而防止早期层中的梯度消失。

5. 右侧网络中的梯度值更大是由于快捷连接的存在，这些连接阻止了梯度值在层间传递过程中变得极其微小。

4.5　连接 Transformer 块中的注意力层和线性层

1. Transformer 块由多头注意力、前馈层、层归一化和 dropout 组成。多头注意力用于分析输入序列中元素之间的关系，前馈层会对每个位置的数据进行独立处理，层归一化确保了一致的缩放比例，而 dropout 用于防止模型过拟合。

2. 前层归一化（Pre-LayerNorm）指的是在多头注意力和前馈层之前应用层归一化。与后层归一化（Post-LayerNorm）不同，这种方法已被证明能够改善 Transformer 模型的训练动态，并提升模型性能。

3. 快捷连接通过将块的输入与其输出相加，使得梯度在训练过程中更容易在网络中流动。这一机制既能有效防止梯度消失问题，又能提升深层模型的学习能力。

4. Transformer 块通过一系列不改变输入序列维度的操作，确保输入维度与输出维度始终保持一致。这种方法使得输入向量与输出向量形成一一对应关系，从而能够广泛应用于各类序列到序列的任务。

5. 虽然 Transformer 块保持了输入序列的物理维度不变，但每个输出向量的内容都会被重新编码，以整合来自整个输入序列的上下文信息。这使得模型能够捕捉序列中元素之间的复杂关系。

4.6　实现 GPT 模型

1. GPTModel 类以先前定义的 TransformerBlock 类作为基础构建块整合了完整的 GPT 架构。它融合了词元嵌入和位置嵌入，应用了多个 TransformerBlock 层，并最终将输出投影到词汇空间中以预测下一个词元。

2. LayerNorm 层可以在 Transformer 块之后应用于归一化输出，以确保数据具有一致的缩放比例和分布。这种处理有助于稳定学习过程并提升模型性能。

3. 权重共享是一种将词元嵌入层的权重复用于输出层的技术。这种方法减少了可训练参数的数量，从而缩小了模型的体积，并有可能加快训练速度。

4. GPTModel 的输出是一个形状为[batch_size, num_tokens, vocab_size]的张量，代表了词汇表中每个词元的 logits。要将这些 logits 转换为文本，需要应用 softmax 函数以获得概率分布，然后再为序列中的每个位置选择概率最高的词元。

5. 正确选项如下。

位置	1	2	3
答案	B	E	D

6. 增加 GPT 模型中 Transformer 块的数量通常会导致模型参数增多，从而需要更多的计算资源。然而，这种设计也可能增强模型捕捉输入文本中长距离依赖关系的能力，有望在诸如文本生成之类的任务中取得更好的表现。

7. 术语与描述的对应关系如下。

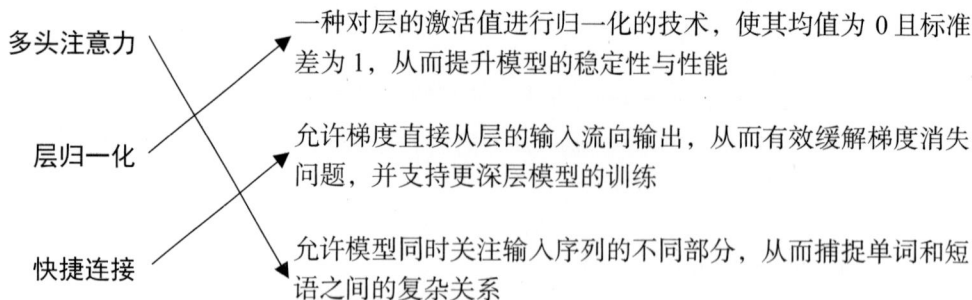

多头注意力　　　　一种对层的激活值进行归一化的技术，使其均值为 0 且标准差为 1，从而提升模型的稳定性与性能

层归一化　　　　　允许梯度直接从层的输入流向输出，从而有效缓解梯度消失问题，并支持更深层模型的训练

快捷连接　　　　　允许模型同时关注输入序列的不同部分，从而捕捉单词和短语之间的复杂关系

4.7　生成文本

1. GPT 模型通过解码其输出张量来生成文本，具体过程如下：首先基于 softmax 函数生成的概率分布选择词元，然后将这些词元转换回人类可读的文本形式。

2. softmax 函数的作用是将输出的 logits 转换为概率分布，其中每个值代表某个词元成为序列中下一个词元的可能性。这种转换机制使模型可以选择概率最高的词元进行文本生成。

3. generate_text_simple 函数实现了一个简单的语言模型生成循环。它会基于当前上下文迭代地预测下一个词元，将其追加到输入序列中，并重复这一过程，直到生成指定数量的新词元。

4. softmax 函数具有单调性，即它会保持输入数据的原始大小顺序。因此，直接对 logits 张量应用 torch.argmax 函数与对 softmax 输出应用该函数的结果相同，因为最大值的位置并未发生变化。

5. 贪婪解码指的是在每一步生成过程中，总是选择概率最高的词元。这种方法虽然高效，但也可能导致生成的文本重复或过于可预测，因为模型总是选择最显而易见的后续文本。

6. 模型之所以会生成毫无意义的乱码，是因为它尚未掌握词语与其上下文之间的关联规律。只有经过充分的训练，模型才能逐渐习得生成有意义且连贯的文本的能力。

7.　以下是步骤的正确顺序。

顺序	步骤
1	D
2	A
3	C
4	B

章节练习

练习 4.1

可以通过以下方式分别计算前馈模块和注意力模块中的参数量：

```
block = TransformerBlock(GPT_CONFIG_124M)

total_params = sum(p.numel() for p in block.ff.parameters())
print(f"Total number of parameters in feed forward module: {total_params:,}")

total_params = sum(p.numel() for p in block.att.parameters())
print(f"Total number of parameters in attention module: {total_params:,}")
```

可以看到，前馈模块的参数量大约是注意力模块的两倍。

```
Total number of parameters in feed forward module: 4,722,432
Total number of parameters in attention module: 2,360,064
```

练习 4.2

为了实例化其他大小的 GPT 模型，可以通过以下方式修改配置字典（此处以 GPT-2 xl 为例）：

```
GPT_CONFIG = GPT_CONFIG_124M.copy()
GPT_CONFIG["emb_dim"] = 1600
GPT_CONFIG["n_layers"] = 48
GPT_CONFIG["n_heads"] = 25
model = GPTModel(GPT_CONFIG)
```

接着，复用 4.6 节的代码，可以计算出当前模型的参数量和显存需求。

```
gpt2-xl:
Total number of parameters: 1,637,792,000
Number of trainable parameters considering weight tying: 1,557,380,800
Total size of the model: 6247.68 MB
```

练习 4.3

在第 4 章中，我们在 3 个地方使用了 dropout 层：嵌入层、快捷连接层和多头注意力模块。可以通过在配置文件中分别设置每层的 dropout 率，然后相应地调整代码实现来控制这些层的 dropout 率。

修改后的配置如下所示：

```
GPT_CONFIG_124M = {
    "vocab_size": 50257,
    "context_length": 1024,
    "emb_dim": 768,
    "n_heads": 12,
    "n_layers": 12,
    "drop_rate_attn": 0.1,            ←── 多头注意力的 dropout 率
    "drop_rate_shortcut": 0.1,       ←── 快捷连接的 dropout 率
    "drop_rate_emb": 0.1,            ←── 嵌入层的 dropout 率
    "qkv_bias": False
}
```

修改后的 `TransformerBlock` 和 `GPTModel` 如下所示。

```
class TransformerBlock(nn.Module):
    def __init__(self, cfg):
        super().__init__()
        self.att = MultiHeadAttention(
            d_in=cfg["emb_dim"],
            d_out=cfg["emb_dim"],
            context_length=cfg["context_length"],
            num_heads=cfg["n_heads"],
            dropout=cfg["drop_rate_attn"],       ←── 多头注意力的 dropout 率
            qkv_bias=cfg["qkv_bias"])
        self.ff = FeedForward(cfg)
        self.norm1 = LayerNorm(cfg["emb_dim"])
        self.norm2 = LayerNorm(cfg["emb_dim"])
        self.drop_shortcut = nn.Dropout(
            cfg["drop_rate_shortcut"]              ←── 快捷连接的 dropout 率
        )
```

```
    def forward(self, x):
        shortcut = x
        x = self.norm1(x)
        x = self.att(x)
        x = self.drop_shortcut(x)
        x = x + shortcut

        shortcut = x
        x = self.norm2(x)
        x = self.ff(x)
        x = self.drop_shortcut(x)
        x = x + shortcut
        return x


class GPTModel(nn.Module):
    def __init__(self, cfg):
        super().__init__()
        self.tok_emb = nn.Embedding(
            cfg["vocab_size"], cfg["emb_dim"]
        )
        self.pos_emb = nn.Embedding(
            cfg["context_length"], cfg["emb_dim"]
        )
        self.drop_emb = nn.Dropout(cfg["drop_rate_emb"])    ← 嵌入层的
        self.trf_blocks = nn.Sequential(                        dropout 率
            *[TransformerBlock(cfg) for _ in range(cfg["n_layers"])])

        self.final_norm = LayerNorm(cfg["emb_dim"])
        self.out_head = nn.Linear(
            cfg["emb_dim"], cfg["vocab_size"], bias=False
        )

    def forward(self, in_idx):
        batch_size, seq_len = in_idx.shape
        tok_embeds = self.tok_emb(in_idx)
        pos_embeds = self.pos_emb(
            torch.arange(seq_len, device=in_idx.device)
        )
        x = tok_embeds + pos_embeds
        x = self.drop_emb(x)
        x = self.trf_blocks(x)
        x = self.final_norm(x)
        logits = self.out_head(x)
        return logits
```

第 5 章

在无标签数据上进行预训练

本章聚焦于**大语言模型的预训练**，并通过计算训练集损失和验证集损失等技术评估其性能。本章探讨了不同的解码策略，包括**温度缩放**和 **Top-k 采样**，以控制生成文本的随机性并增强其原创性。此外，本章还涵盖了保存和加载模型权重的实际操作步骤，使用户能够恢复训练或从诸如 OpenAI 的 GPT 模型等来源加载预训练权重。这些步骤对于开发和微调大语言模型以适应各种下游任务至关重要。

所有问题的答案都可以在本章末尾找到。

主要概念速测

1. 交叉熵损失函数在大语言模型训练中的主要目的是什么？

    A. 生成用于评估的文本样本

    B. 防止模型对训练数据过拟合

    C. 评估模型在特定任务（如文本分类）上的性能

    D. 衡量模型预测的词元概率分布与训练数据中词元实际分布之间的差异

2. 温度缩放在文本生成中的目的是什么？

    A. 通过调整词元概率分布来控制生成文本的随机性和多样性

    B. 提高模型预测下一个词元的准确性

C. 降低文本生成的计算成本

D. 防止模型对训练数据过拟合

3. 预训练大语言模型的主要目标是什么？

A. 提高模型生成连贯且语法正确的文本的能力

B. 针对特定任务（如文本分类）微调模型

C. 从海量文本数据中学习通用的语言模式和表示

D. 降低训练模型的计算成本

4. 对大语言模型来说，使用 OpenAI 提供的预训练权重的主要好处是什么？

A. 消除了从头开始进行大规模且昂贵的预训练的需求

B. 降低了模型对训练数据过拟合的风险

C. 保证模型在任何任务上都能表现出色

D. 简化了针对特定任务微调模型的过程

5. 在 PyTorch 中保存模型的 state_dict（状态字典）的主要优势是什么？

A. 提升模型在未见数据上的性能

B. 允许加载和重用已训练的模型，而无须从头重新训练

C. 防止模型对训练数据过拟合

D. 降低模型训练的计算成本

分节习题

接下来，我们将更加详细地探讨本章内容。

5.1   评估文本生成模型

1.   generate_text_simple 函数的作用是什么？它是如何工作的？

2.   解释文本生成损失的概念及其在评估生成文本质量方面的重要性。

3.   描述反向传播在训练大语言模型中的作用以及它与文本生成损失的关系。

4.   什么是交叉熵损失？它是如何评估大语言模型的？

5.   将标签编号与对应的描述匹配。

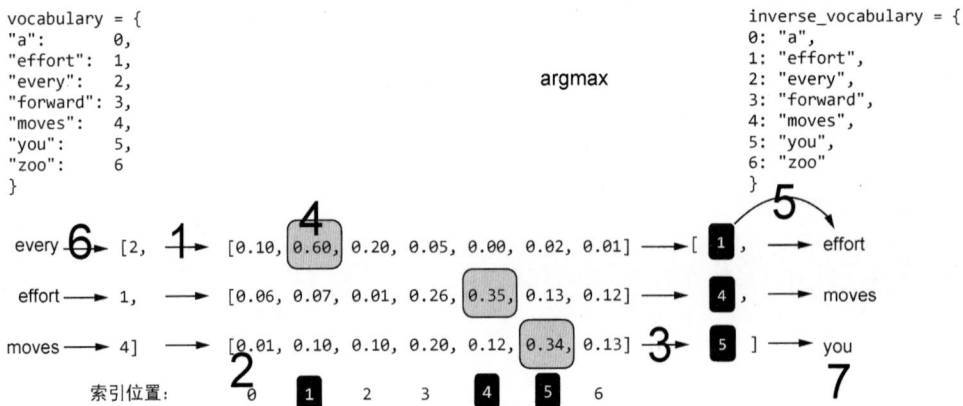

以下是你需要分配标签编号的描述——以黑体字显示的内容已经被正确分配。

标签	描述
1	预测的词元 ID 是具有最高概率的索引位置
2	输入的文本
3	使用词汇表将输入文本映射为词元 ID
4	大语言模型生成的输出文本
5	**使用逆向词汇表将索引位置映射回文本**
6	每个输入向量的七维概率行向量
7	argmax 函数中具有最高概率的索引位置

6.　解释一下困惑度的概念以及它和交叉熵损失的关系。

7.　 选择正确选项，补全下面代码中缺失的部分。

A. softmax　　　B. tensor　　　C. no_grad　　　D. grad

```
with torch.___1___():
    logits = model(inputs)
probas = torch.___2___(logits, dim=-1)
print(probas.shape)
```

请在下表中填写你的答案。

位置	1	2
答案		

5.2   训练大语言模型

1.   train_model_simple 函数的作用是什么？它的关键组件有哪些？

2.   解释 evaluate_model 函数在训练过程中的作用。

3.   选择正确选项，补全下面代码中缺失的部分。

   A. tokens_seen   B. train_losses   C. Epochs   D. Loss   E. epochs_seen

```python
import matplotlib.pyplot as plt
from matplotlib.ticker import MaxNLocator
def plot_losses(epochs_seen, tokens_seen, train_losses, val_losses):
    fig, ax1 = plt.subplots(figsize=(5, 3))
    ax1.plot(epochs_seen, train_losses, label="Training loss")
    ax1.plot(
        epochs_seen, val_losses, linestyle="-.", label="Validation loss"
    )
    ax1.set_xlabel("___1___")
    ax1.set_ylabel("__2__")
    ax1.legend(loc="upper right")
    ax1.xaxis.set_major_locator(MaxNLocator(integer=True))
    ax2 = ax1.twiny()
    ax2.plot(___3___, ___4___, alpha=0)
    ax2.set_xlabel("Tokens seen")
    fig.tight_layout()
    plt.show()

epochs_tensor = torch.linspace(0, num_epochs, len(train_losses))
plot_losses(epochs_tensor, tokens_seen, train_losses, val_losses)
```

   请在下表中填写你的答案。

位置	1	2	3	4
答案				

4.   generate_and_print_sample 函数的作用是什么？它是如何工作的？

5.   什么是 AdamW？为什么在训练大语言模型时它比 Adam 更受青睐？

6. 图 5-12 中的训练集损失曲线和验证集损失曲线有什么重要意义？

7. 将左侧的术语与右侧的描述进行匹配。

文本生成损失	机器学习中的一种常见度量，用于量化两个概率分布之间的差异，通常是标签的真实分布与模型的预测分布之间的差异
交叉熵损失	一种用于训练深度神经网络的标准技术，通过更新模型的权重以最小化模型预测输出与实际期望输出之间的差异
困惑度	一种与交叉熵损失配合使用的指标，用于评估模型在语言建模等任务中的性能，提供了一种更易于理解的方式来衡量模型在预测序列中下一个词元时的不确定性
反向传播	一种用于评估训练过程中生成文本质量的数值指标，指示模型的预测与目标文本的匹配程度

5.3　控制随机性的解码策略

1. 在文本生成中，温度缩放的目的是什么？

2. 解释一下 Top-k 采样是如何工作的以及它在文本生成中的优势。

3. 描述贪婪解码和概率采样在文本生成中的区别。

4. 在 Top-k 采样过程中，"用负无穷（-inf）掩码"这一步骤的目的是什么？

   A. 为词汇表中的所有单词分配概率

   B. 选择得分最高的前 k 个 logits

   C. 将不在 Top-k 中的 logits 设置为负无穷大，从而将其排除在考虑范围之外

   D. 使用 softmax 函数将 logits 转换为概率

5. generate 函数是如何结合温度缩放和 Top-k 采样进行工作的？

5.4 使用 PyTorch 加载和保存模型权重

1. 为什么在训练大语言模型后保存模型权重很重要？

2. 保存 PyTorch 模型权重的推荐方法是什么？

3. 在 PyTorch 中，`model.eval()`方法的作用是什么？

4. 为什么在保存模型时保存优化器状态很重要？

5. 选择正确选项，补全下面代码中缺失的部分。

A. Adam   B. load   C. save   D. AdamW   E. AdamWest

```
checkpoint = torch._1_("model_and_optimizer.pth", map_location=device)
model = GPTModel(GPT_CONFIG_124M)
model.load_state_dict(checkpoint["model_state_dict"])
optimizer = torch.optim._2_(model.parameters(), lr=5e-4, weight_decay=0.1)
optimizer.load_state_dict(checkpoint["optimizer_state_dict"])
model.train();
```

请在下表中填写你的答案。

位置	1	2
答案		

6. 将左侧的术语与右侧的描述进行匹配。

AdamW	多次迭代训练数据的过程，对每个批次计算损失，并更新模型权重以最小化损失
训练循环	一种改进了权重衰减方法的 Adam 优化器变体，其目标是通过惩罚较大的权重来最小化模型复杂度并防止过拟合
过拟合	在一个未用于训练的单独数据集上计算的损失，它提供了模型在未见数据上的性能估计
验证集损失	当模型过于深入地学习训练数据时发生的一种现象，导致其在未见数据上的表现较差

5.5　从 OpenAI 加载预训练权重

1. 使用来自 OpenAI 的预训练权重加载 GPT-2 模型的主要优势是什么?

2. 从 OpenAI 的 GPT-2 模型权重中获取的 settings 字典和 params 字典的关键组成部分是什么?

3. 如何将 OpenAI 的预训练权重加载到自定义的 GPTModel 实例中?

4. 在加载预训练权重的过程中,model_configs 字典为什么很重要?

5. 为什么需要使用 context_length 设置和 qkv_bias 设置来更新 NEW_CONFIG 字典?

6. 将左侧的术语与右侧的描述进行匹配。

状态字典	一个包含 PyTorch 模型中每一层参数的字典
模型权重	一个包含优化器内部状态(如学习率和梯度变化值)的字典
优化器状态	在训练过程中学习的参数,用于进行预测
评估模式	一种模型用于推理的模式,其中禁用了 dropout 层

章节练习

练习 5.1

用 print_sampled_tokens 函数打印使用图 5-14 中所示温度缩放的 softmax 概率的采样频率。在每种情况下,单词 pizza 被采样的频率是多少? 你能想到一个更快、更准确的方法来确定单词 pizza 被采样的频率吗?

练习 5.2

尝试不同的温度和 Top-k 设置。根据观察,你能想到哪些应用场景更适合使用较低的温度和 Top-k 设置吗? 同样,你能想到哪些应用场景更偏好较高的温度和 Top-k 设置吗? (建议在从 OpenAI 加载预训练权重后,在本章末尾重新进行这个练习。)

练习 5.3

有哪些不同的设置组合可以强制 generate 函数表现出确定性的行为，即禁用随机采样，使其始终生成与 generate_simple 函数类似的输出？

练习 5.4

在新的 Python 会话或 Jupyter Notebook 文件中保存权重后，加载模型和优化器，并使用 train_model_simple 函数继续预训练一轮。

练习 5.5

使用来自 OpenAI 的预训练权重在 "The Verdict" 数据集上计算 GPTModel 的训练集损失和验证集损失。

练习 5.6

尝试使用不同大小的 GPT-2 模型，比如参数量为 15.58 亿的最大模型，并将其生成的文本与参数量为 1.24 亿的模型进行比较。

答案

主要概念速测

1. D
2. A
3. C
4. A
5. B

分节习题

5.1　评估文本生成模型

1. generate_text_simple 函数主要用于文本生成。它的文本生成流程如下：首先接收起始上下文并将其转换为词元 ID 序列；然后将该序列传入 GPT 模型中；接下来将模型输出的 logits 转换回词元 ID；最后将这些词元 ID 解码为可读文本。

2. 文本生成损失是一种用于评估生成文本质量的数值指标。它量化了模型预测输出（词元概率）与实际期望输出（目标词元）之间的差异。较低的损失表明更高的文本生成质量。

3. 反向传播是一种在训练过程中用于更新模型权重的技术。它利用文本生成损失来调整权重，使模型生成的输出更接近目标词元，从而最小化损失并提高生成文本的质量。

4. 交叉熵损失是一种衡量两个概率分布差异的指标，通常用于比较标签（词元）的真实分布和模型的预测分布。它通过量化模型预测的概率分布与数据集中词元的实际分布的匹配程度，来评估大语言模型的性能。

5. 以下是描述与标签的正确对应关系。

标签	描述
1	使用词汇表将输入文本映射为词元 ID
2	每个输入向量的七维概率行向量
3	预测的词元 ID 是具有最高概率的索引位置
4	argmax 函数中具有最高概率的索引位置
5	使用逆向词汇表将索引位置映射回文本
6	输入的文本
7	大语言模型生成的输出文本

6. 困惑度是从交叉熵损失中派生出来的指标，提供了一种更直观的方式来理解模型预测下一个词元时的不确定性。它代表了模型在每一步对有效词汇表大小的不确定性。困惑度越低，说明模型的不确定性较小，从而模型性能也就越好。

7. 正确选项如下。

位置	1	2
答案	C	A

5.2 训练大语言模型

1. train_model_simple 函数实现了大语言模型的基本训练循环。它会遍历多个训练轮次，处理数据批次，计算损失，更新权重，并使用验证数据评估模型的性能。

2. evaluate_model 函数通过计算训练集和验证集上的损失来评估模型的性能。它会确保模型处于评估模式，禁用梯度计算和 dropout，从而实现准确的评估。

3. 正确选项如下。

位置	1	2	3	4
答案	C	D	A	B

4. generate_and_print_sample 函数的作用是从模型中生成文本样本,以便在训练过程中直观评估其进展。它会接收一个文本片段作为输入,将其转换为词元 ID,并使用 generate_text_simple 函数生成新的文本。

5. AdamW 是 Adam 优化器的一种变体,它优化了权重衰减(一种通过惩罚较大权重来防止过拟合的技术)。这使得 AdamW 在大语言模型的正则化和泛化方面更为有效。

6. 图 5-12 中的损失曲线显示,模型在初期学习效果良好,但在训练集损失持续下降的同时,验证集损失停滞不前。这表明出现了过拟合现象,即模型记住了训练数据,而未能很好地泛化到新数据。

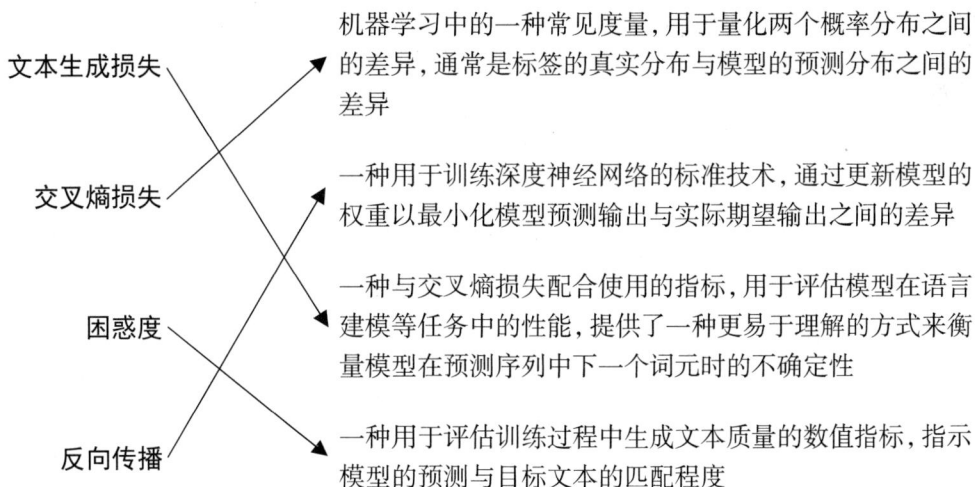

7. 术语与描述的对应关系如下。

文本生成损失 → 机器学习中的一种常见度量,用于量化两个概率分布之间的差异,通常是标签的真实分布与模型的预测分布之间的差异

交叉熵损失 → 一种用于训练深度神经网络的标准技术,通过更新模型的权重以最小化模型预测输出与实际期望输出之间的差异

困惑度 → 一种与交叉熵损失配合使用的指标,用于评估模型在语言建模等任务中的性能,提供了一种更易于理解的方式来衡量模型在预测序列中下一个词元时的不确定性

反向传播 → 一种用于评估训练过程中生成文本质量的数值指标,指示模型的预测与目标文本的匹配程度

5.3　控制随机性的解码策略

1.　温度缩放通过将 logits 除以一个温度值来调整下一个词元的概率分布。较高的温度会产生更加均匀的分布，从而生成更多样化的输出；而较低的温度会使分布更加尖锐，从而更倾向于选择最可能的词元。

2.　Top-k 采样仅选择概率最高的前 k 个词元用于下一个词元的预测。这有助于通过专注于最可能的选项来减少生成无意义或语法错误的文本。

3.　贪婪解码始终选择概率最高的词元，而概率采样根据词元的概率分布选择词元。概率采样引入了随机性，可以生成更加多样化的输出。

4.　正确答案是 C。

5.　generate 函数允许指定温度和 Top-k 值。如果提供了温度值，那么 logits 将根据该值进行缩放。如果提供了 Top-k 值，那么 logits 将被掩码以排除 Top-k 最可能选项之外的词元。

5.4　使用 PyTorch 加载和保存模型权重

1.　保存模型权重可以让你重复使用已训练的模型而不是从头训练，从而节省大量的计算时间和资源。这对于需要较长训练时间的大语言模型尤为重要。

2.　推荐的方法是使用 torch.save 函数保存模型的 state_dict，这是一个将每一层映射到其参数的字典。这样一来，稍后你便能轻松地将权重加载到新的模型实例中。

3.　model.eval()方法可以将模型切换到评估模式，禁用 dropout 层。这对于推理很重要，因为在预测过程中我们不希望随机丢失信息。

4.　保存优化器的状态可以从中断的位置继续训练。这对于像 AdamW 这样的自适应优化器尤为重要，因为它们会存储历史数据以动态调整学习率。如果没有优化器的状态，那么模型可能无法有效学习或难以正常收敛。

5.　正确选项如下。

位置	1	2
答案	B	D

6.　术语与描述的对应关系如下。

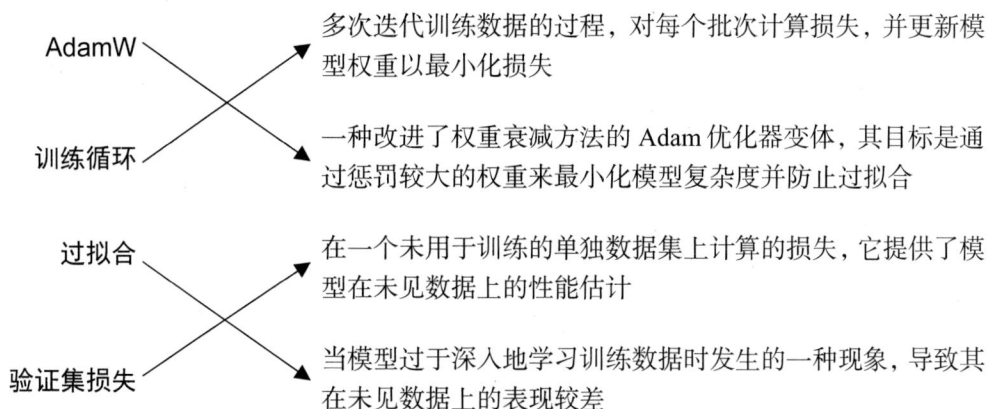

AdamW　　　　　　　　　多次迭代训练数据的过程，对每个批次计算损失，并更新模型权重以最小化损失

训练循环　　　　　　　　一种改进了权重衰减方法的 Adam 优化器变体，其目标是通过惩罚较大的权重来最小化模型复杂度并防止过拟合

过拟合　　　　　　　　　在一个未用于训练的单独数据集上计算的损失，它提供了模型在未见数据上的性能估计

验证集损失　　　　　　　当模型过于深入地学习训练数据时发生的一种现象，导致其在未见数据上的表现较差

5.5　从 OpenAI 加载预训练权重

1.　使用来自 OpenAI 的预训练权重可以省去在大规模语料库上进行预训练的需要，从而节省大量时间和计算资源。

2.　settings 字典包含大语言模型的架构设置，而 params 字典存储模型各层的实际权重张量。

3.　load_weights_into_gpt 函数会将来自 OpenAI 的权重与自定义 GPTModel 实例中的对应层进行匹配，从而确保模型的一致性和功能性。

4.　model_configs 字典提供了针对不同 GPT-2 模型尺寸的具体架构设置，方便选择和加载所需模型的权重。

5.　OpenAI 预训练的 GPT-2 模型使用了不同的 context_length 并在注意力模块中使用了偏置向量，因此需要更新这些设置以确保兼容性。

6. 术语与描述的对应关系如下。

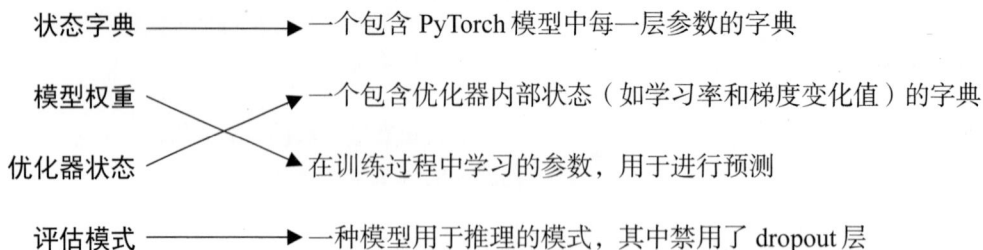

状态字典 ——————————→ 一个包含 PyTorch 模型中每一层参数的字典

模型权重 ——————————→ 一个包含优化器内部状态（如学习率和梯度变化值）的字典

优化器状态 ——————————→ 在训练过程中学习的参数，用于进行预测

评估模式 ——————————→ 一种模型用于推理的模式，其中禁用了 dropout 层

章节练习

练习 5.1

可以使用本节定义的 print_sampled_tokens 函数来打印词元（或单词）pizza 被采样的次数。让我们从 5.3.1 节中定义的代码开始。

当温度为 0 或 0.1 时[①]，词元 pizza 被采样 0 次；而当温度调高到 5 时，它被采样 32 次。因此，我们可以估算出它被采样的概率为 32/1000×100%=3.2%，而其真正的概率是 4.3%，可以在缩放的 softmax 概率张量（scaled_probas[2][6]）中找到。

练习 5.2

当需要对大语言模型输出的多样性和随机性进行调整时，一般要设置 Top-k 采样和温度缩放系数。

当使用相对较小的 Top-k 值（比如小于 10）且温度低于 1 时，模型的输出会变得不那么随机，而是更具确定性。在这种设置下，模型生成的文本更加可预测、连贯，并且更接近训练数据中最可能的结果。

这种低 k 值和低温度设置的应用场景主要包括正式文件或报告，此时清晰度和准确性是最重要的。其他应用示例包括强调精确性的任务，比如技术分析或代码生成等。此外，问答和教育内容同样需要准确的答案，因此低于 1 的温度设置非常有帮助。

---

① 此处的温度并不是指物理意义上的温度，所以无须加单位。关于温度的具体讲解可见《从零构建大模型》的 5.3 节。

——编者注

相反，较大的 Top-k 值（比如 20 到 40 的范围）和温度高于 1 的设置在使用大语言模型进行头脑风暴或创作创意内容（如小说）时会更加高效。

练习 5.3

有多种方法可以使 generate 函数的输出变得确定。

(1) 将 top_k 设置为 None，并且不进行温度缩放。

(2) 将 top_k 设置为 1。

练习 5.4

总的来说，需要加载本章中保存的模型和优化器：

```
checkpoint = torch.load("model_and_optimizer.pth")
model = GPTModel(GPT_CONFIG_124M)
model.load_state_dict(checkpoint["model_state_dict"])
optimizer = torch.optim.AdamW(model.parameters(), lr=5e-4, weight_decay=0.1)
optimizer.load_state_dict(checkpoint["optimizer_state_dict"])
```

接下来，调用 train_simple_function 函数，并将 num_epochs 设置为 1，以便对模型进行另一轮的训练。

练习 5.5

可以使用下面的代码来计算 GPTModel 的训练集损失和验证集损失：

```
train_loss = calc_loss_loader(train_loader, gpt, device)
val_loss = calc_loss_loader(val_loader, gpt, device)
```

在参数量为 1.24 亿的模型上的损失如下所示。

```
Training loss: 3.754748503367106
Validation loss: 3.559617757797241
```

主要观察结果是训练集和验证集的性能相近。这可能有多种原因。

(1) "The Verdict" 并未包含在 OpenAI 训练的 GPT-2 的预训练数据集中。因此，模型并没有显著地过拟合训练集，而是在 "The Verdict" 的训练集和验证集上表现得同样出色。（验证集的损失略低于训练集的损失，这在深度学习中比较少见。然而，这可能是由于随机噪声造成的，因为数据集相对较小。实际上，如果没有过拟合，训练集和验证集的性能应该大致相同。）

(2)"The Verdict"是 GPT-2 训练数据集的一部分。在这种情况下，我们无法判断模型是否对训练数据过拟合，因为验证集也可能用于训练。为了评估过拟合的程度，需要找一个在 OpenAI 完成 GPT-2 训练后生成的新数据集，以确保它不可能是预训练数据的一部分。

练习 5.6

在本章中，我们测试了最小的 GPT-2 模型，其参数量仅为 1.24 亿。这样做是为了尽可能降低资源需求。不过，你可以通过非常小的代码更改轻松尝试更大的模型。如果要从加载 1.24 亿的模型变成加载 15.58 亿的模型，那么只需要更改以下两行代码：

```
hparams, params = download_and_load_gpt2(model_size="124M", models_dir="gpt2")
model_name = "gpt2-small (124M)"
```

更新后的代码如下所示。

```
hparams, params = download_and_load_gpt2(model_size="1558M", models_dir="gpt2")
model_name = "gpt2-xl (1558M)"
```

第 6 章

针对分类的微调

本章主要介绍了**分类微调**，这是一种将预训练的大语言模型适配于特定分类任务（如识别垃圾消息）的技术。本章指导读者完成了以下步骤：准备文本分类数据集；通过替换输出层来修改预训练的大语言模型以进行分类；实现训练函数以微调模型，最终应用于垃圾消息分类任务。另外，本章还介绍了如何评估微调后模型的准确率，并展示了其在将新的文本消息分类为垃圾消息或非垃圾消息时的应用。

所有问题的答案都可以在本章末尾找到。

主要概念速测

1.　_____的主要目的是训练一个模型来识别和预测特定的类别标签。

    A.　分类微调

    B.　回归

    C.　聚类

    D.　预训练

2.　语言模型微调的两种主要类别是什么？

    A.　指令微调和分类微调

    B.　生成模型和判别模型

C.　预训练和微调

D.　监督学习和非监督学习

3.　在垃圾消息数据集中对文本进行填充的目的是什么?

A.　确保所有文本消息在批处理时具有相同的长度

B.　降低处理文本消息的计算成本

C.　移除文本消息中的无关信息

D.　提高模型理解文本消息上下文的能力

4.　在 SpamDataset 类中，填充词元的作用是什么?

A.　标记文本消息的开始和结束

B.　表示一个新句子的开始

C.　表示未知或超出词汇表的词

D.　对较短的文本消息进行填充，使其长度与最长的消息保持一致

5.　为什么在分类微调中选择 GPT 模型的最后一个输出词元?

A.　因为最后一个词元最有可能包含类别标签信息

B.　因为最后一个词元对模型来说最容易处理

C.　因为最后一个词元是文本消息中最重要的词元

D.　因为因果注意掩码使得最后一个词元累积了先前所有词元的信息

6. 在垃圾消息分类任务中，交叉熵损失函数的作用是什么？

　　A.　确定训练所需的轮数

　　B.　计算模型预测的准确率

　　C.　测量模型预测的概率与实际类别标签之间的差异

　　D.　识别文本消息中最重要的特征

7. 模型在测试集上的准确率有何意义？

　　A.　表明模型在新的、未见过的数据上的泛化能力

　　B.　确定训练所需的轮数

　　C.　反映模型在训练数据上的表现

　　D.　表明模型从训练数据中学习的能力

分节习题

接下来，我们将更加详细地探讨本章内容。

6.1　不同类型的微调

1. 微调语言模型的两种最常见的方法是什么？

2. 描述指令微调的目的并提供一个例子。

3. 解释分类微调的概念并举例说明。

4. 分类微调模型的关键限制是什么？

5. 比较指令微调模型和分类微调模型的灵活性。

6. 在什么情况下指令微调是首选方法？

6.2 准备数据集

1. 本节中使用的数据集的用途是什么？它包含了什么类型的数据？

2. 为什么要对数据集进行欠采样，以包含相等数量的"垃圾消息"和"非垃圾消息"？

3. 如何将字符串类型的类别标签（如"垃圾消息"和"非垃圾消息"）转换为整数类型的类别标签？

4. 描述 random_split 函数的目的及其如何划分数据集。

5. 选择正确选项，补全下面代码中缺失的部分。

A. sample   B. shape   C. concat   D. merge

```
def create_balanced_dataset(df):
    num_spam = df[df["Label"] == "spam"].  1  [0]
    ham_subset = df[df["Label"] == "ham"].sample(
        num_spam, random_state=123
    )
    balanced_df = pd.  2  ([
        ham_subset, df[df["Label"] == "spam"]
    ])
    return balanced_df

balanced_df = create_balanced_dataset(df)
print(balanced_df["Label"].value_counts())
```

请在下表中填写你的答案。

位置	1	2
答案		

6. 将数据集保存为 CSV 文件的意义是什么？

7. 将左侧的术语与右侧的描述进行匹配。

指令微调	使用特定指令在一组任务上训练语言模型，使其能够理解和执行自然语言提示中描述的任务
分类微调	一种能够在多种任务上表现良好的模型
通用模型	一种经过高度训练以执行特定任务的模型
特定模型	一种训练模型识别特定类别标签（如"垃圾消息"和"非垃圾消息"）的专项优化方法

6.3　创建数据加载器

1. 对不同长度的文本消息进行批处理时，有哪两种主要方法可供选择？

2. 选择正确选项，补全下面代码中缺失的部分。请注意，一个选项可能会出现多次！

   A. `train_loader`　　B. `val_loader`　　C. `train_end`　　D. `validation_end`

```
def random_split(df, train_frac, validation_frac):

    df = df.sample(
        frac=1, random_state=123
    ).reset_index(drop=True)
    train_end = int(len(df) * train_frac)
    validation_end = train_end + int(len(df) * validation_frac)


    train_df = df[:___1___]
    validation_df = df[___2___:___3___]
    test_df = df[___4___:]

    return train_df, validation_df, test_df

train_df, validation_df, test_df = random_split(
    balanced_df, 0.7, 0.1)
```

请在下表中填写你的答案。

位置	1	2	3	4
答案				

3. 填充词元的作用是什么？它在 `SpamDataset` 类中如何使用？

4. `SpamDataset` 类在数据加载过程中的作用是什么？

5. 将标签编号与对应的描述匹配。

1

这是第一条文本消息 ⟶ 1212, 318, 262, 717, 2420, 3275

2

这是第二条文本消息 ⟶ 1212, 318, 1194, 2420, 3275

这是第三条文本消息，并且很长 ⟶ 1212, 318, 262, 2368, 2420, 3275, 11, 543, 318, 845, 890

3   **4**

⟶ 1212, 318, 262, 717, 2420, 3275, 50256, 50256, 50256, 50256, 50256

⟶ 1212, 318, 1194, 2420, 3275, 50256, 50256, 50256, 50256, 50256, 50256

5

⟶ 1212, 318, 262, 2368, 2420, 3275, 11, 543, 318, 845, 890

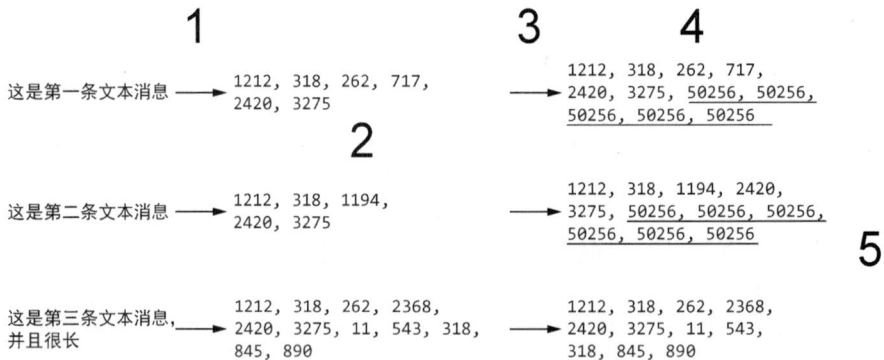

以下是你需要分配标签编号的描述——以黑体字显示的内容已经被正确分配。

标签	描述
1	填充至最长序列
2	**词元 ID**
3	最长的文本没有填充
4	对文本进行分词
5	填充的词元 ID

6. 验证集和测试集在填充与截断处理上是如何与训练集保持一致的？

7. 描述单个训练批次的结构，包括输入张量和目标张量。

8. `DataLoader` 类的作用是什么？如何使用它来创建训练阶段、验证阶段和测试阶段的数据加载器？

6.4　初始化带有预训练权重的模型

1. 在进行分类任务微调前，初始化预训练模型的目的是什么？

2. 描述如何将预训练权重加载到 GPT 模型中。

3. 如何通过模型生成连贯的文本来验证预训练权重是否正确加载？

4. 在微调之前向模型中输入一条垃圾消息的目的是什么？

6.5　添加分类头

1. 为什么在对预训练大语言模型进行分类微调时需要修改输出层？

2. 在分类任务中，输出节点的数量为何要与类别数量相同？

3. 为什么对于新任务通常只微调预训练大语言模型的最后几层就足够了？

4. 描述在微调预训练大语言模型时冻结和解冻层的过程。

5. 在采用因果注意力掩码的分类任务中，为什么序列中的最后一个词元被视为最具信息量？

6. 解释在类 GPT 模型中进行分类微调时，聚焦最后一个输出词元的重要性。

6.6　计算分类损失和准确率

1. 解释如何将模型的输出转换为垃圾消息分类任务中的类别标签预测。

2. 在本节中，softmax 函数的作用是什么，为什么它是可选的？

3. 描述 `calc_accuracy_loader` 函数的功能以及它如何用于计算分类准确率。

4. 为什么使用交叉熵损失作为最大化分类准确率的代理？

5. 解释用于分类任务的 `calc_loss_batch` 函数与用于语言建模任务的 `calc_loss_batch` 函数之间的主要区别。

6.7　在有监督数据上微调模型

1. 用于微调的训练与用于预训练的训练之间的主要区别是什么？

2. 与用于预训练的 `train_model_simple` 函数相比，`train_classifier_simple` 函数做了哪些关键修改？

3. 在微调过程中，`evaluate_model` 函数的作用是什么？

4. 图 6-16 中的训练集损失曲线和验证集损失曲线有什么重要意义？

5. 在微调过程中，哪些因素会影响训练轮数的选择？

6. 选择正确选项，补全下面代码中缺失的部分。

A. train_loader　　B. test_loader　　C. AdamW　　D. val_loader　　E. Adam

```
import time

start_time = time.time()
torch.manual_seed(123)
optimizer = torch.optim.___1___(model.parameters(), lr=5e-5, weight_decay=0.1)
num_epochs = 5


train_losses, val_losses, train_accs, val_accs, examples_seen = \
    train_classifier_simple(
        model, _____2_____, _____3_____, optimizer, device,
        num_epochs=num_epochs, eval_freq=50,
        eval_iter=5
    )

end_time = time.time()
execution_time_minutes = (end_time - start_time) / 60
print(f"Training completed in {execution_time_minutes:.2f} minutes.")
```

请在下表中填写你的答案。

位置	1	2	3
答案			

7. `eval_iter` 参数如何影响训练过程中的准确率评估?

8. 将以下 GPT-2 模型微调步骤按正确顺序排列。

A. 加载预训练 GPT-2 模型权重

B. 使用训练数据加载器对模型进行指定轮数的训练

C. 冻结模型中除输出层和最后一个 Transformer 块外的所有参数

D. 初始化 AdamW 优化器

E. 定义用于计算单个批次和整个数据加载器的损失和准确率的函数

F. 为新输出层和最后一个 Transformer 块设置 `requires_grad=True`

G. 将原始输出层替换为新的线性层,并将其映射到两个类别(垃圾消息/非垃圾消息)

H. 每个训练轮次结束后在验证集上评估模型性能

顺序	步骤
1	A
2	
3	
4	
5	E
6	
7	
8	H

6.8　使用大语言模型作为垃圾消息分类器

1. 描述使用微调后的大语言模型进行垃圾消息分类的过程。

2. 解释 classify_review 函数在垃圾消息分类中的作用。

3. 如何评估垃圾消息分类模型的分类准确率?

4. 请按以下代码清单中的编号顺序排列表格中的实现步骤。

```
    def classify_review(
        text, model, tokenizer, device, max_length=None,
        pad_token_id=50256):
    model.eval()

1   input_ids = tokenizer.encode(text)
    supported_context_length = model.pos_emb.weight.shape[0]

2   input_ids = input_ids[:min(
        max_length, supported_context_length
    )]

3   input_ids += [pad_token_id] * (max_length - len(input_ids))

    input_tensor = torch.tensor(
        input_ids, device=device
4   ).unsqueeze(0)

5   with torch.no_grad():
6       logits = model(input_tensor)[:, -1, :]
    predicted_label = torch.argmax(logits, dim=-1).item()

7   return "spam" if predicted_label == 1 else "not spam"
```

步骤	编号
模型推理不进行梯度追踪	
添加批次维度	
如果序列过长，则进行截断	
准备模型输入	
将序列填充到最长序列长度	
最后一个输出词元的 logits	
返回分类结果	

5. 保存微调后的垃圾消息分类模型的目的是什么？

6. 分类微调过程与大语言模型的预训练过程有何不同？

章节练习

练习 6.1　增加上下文长度

将输入填充到模型支持的最大词元数量，并观察这对预测性能的影响。

练习 6.2　微调整个模型

不只是微调最后一个 Transformer 块，尝试微调整个模型，并评估这对预测性能的影响。

练习 6.3　比较微调第一个词元与微调最后一个词元

尝试微调第一个输出词元。与微调最后一个输出词元相比，注意预测性能的变化。

答案

主要概念速测

1. A
2. A
3. A
4. D
5. D
6. C
7. A

分节习题

6.1 不同类型的微调

1. 微调语言模型的两种最常见方法是指令微调和分类微调。指令微调侧重于训练模型根据自然语言提示理解和执行任务，而分类微调训练模型识别特定的类别标签。

2. 指令微调旨在提高模型根据自然语言指令理解和执行任务的能力。训练模型根据特定指令将英语句子翻译成德语就是指令微调的一个典型实例。

3. 分类微调涉及训练模型识别特定的类别标签。训练模型识别一条消息是否为垃圾消息就是分类微调的一个例子。这种方法也用于图像分类和情感分析等任务。

4. 分类微调模型仅限于预测它在训练中遇到的类别。它只能将数据分类到它所训练的预定义类别中，因此无法处理超出其训练范围的任务。

5. 经过指令微调的模型更加灵活，可以根据用户指令处理更广泛的任务。经过分类微调的模型则高度专业化，擅长将数据分类到预定义类别，但缺乏指令微调模型的灵活性。

6. 指令微调最适合需要根据复杂用户指令处理多种任务的模型，可以显著提升系统灵活性和交互质量。这种方法尤其适用于需要较强适应性、能够响应各种用户请求的应用场景。

6.2 准备数据集

1. 本节中使用的数据集是一个包含被分类为"垃圾消息"或"非垃圾消息"的文本消息的集合。这个数据集用于演示如何对大语言模型进行分类任务的微调。

2. 原始数据集中的"垃圾消息"和"非垃圾消息"之间存在显著的不平衡。欠采样创建了一个平衡的数据集,这对训练分类模型很有帮助,因为它可以防止模型对多数类产生偏倚。

3. 可以使用映射字典将字符串类型的类别标签转换为整数类型的类别标签(0 和 1)。这个过程类似于将文本转换为词元 ID,但这里不是使用 GPT 词汇表,而是仅使用两个词元 ID。

4. random_split 函数可以将数据集分为 3 部分:训练集、验证集和测试集。训练集用于训练模型,验证集用于调整超参数并防止过拟合,测试集用于评估模型在未见数据上的表现。

5. 正确选项如下。

位置	1	2
答案	B	C

6. 将数据集保存为 CSV 文件可以确保在未来的步骤中轻松重用数据。这样可以确保准备好的数据集能够方便地用于进一步的分析和模型训练。

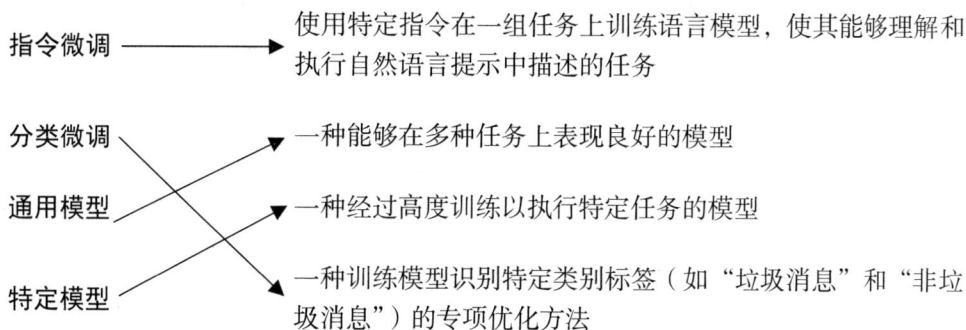

7. 术语与描述的对应关系如下。

指令微调 ——————→ 使用特定指令在一组任务上训练语言模型,使其能够理解和执行自然语言提示中描述的任务

分类微调 ———→ 一种能够在多种任务上表现良好的模型

通用模型 ———→ 一种经过高度训练以执行特定任务的模型

特定模型 ———→ 一种训练模型识别特定类别标签(如"垃圾消息"和"非垃圾消息")的专项优化方法

6.3 创建数据加载器

1. 对不同长度的文本消息进行批处理时，可以采用以下两种方法：一是将所有消息截断为最短消息的长度；二是将所有消息填充至最长消息的长度。截断虽然计算成本更低，但可能导致信息丢失，而填充能保留所有消息的完整内容。

2. 正确选项如下。

位置	1	2	3	4
答案	C	C	D	D

3. 填充词元用于确保批次中的所有文本消息具有相同的长度。在 SpamDataset 类中，较短的消息会使用填充词元 ID（50256）进行填充，以匹配最长消息的长度。

4. SpamDataset 类主要负责以下几个关键任务：从 CSV 文件加载数据、使用 GPT-2 分词器对文本消息进行分词，以及将序列填充或截断至统一长度。它还提供了访问单个数据样本以及获取整个数据集长度的方法。

5. 以下是描述与标签的正确对应关系。

标签	描述
1	对文本进行分词
2	词元 ID
3	填充至最长序列
4	填充的词元 ID
5	最长的文本没有填充

6. 验证集和测试集的序列长度会填充至与训练集中最长序列相同的长度。任何超出此长度的样本都会被截断。这样可以确保所有数据集中的输入长度一致。

7. 一个训练批次由 8 条文本消息组成，每条消息以 120 个词元的形式表示为词元 ID。每条消息的对应类别标签存储在一个单独的张量中。这种结构便于高效地同时处理多个训练示例。

8. `DataLoader` 类用于创建能高效批量加载和处理数据的数据加载器。它接受一个数据集作为输入，并允许自定义批次大小、是否打乱数据、工作进程数量等参数。它为训练阶段、验证阶段和测试阶段分别创建了不同配置的数据加载器。

6.4　初始化带有预训练权重的模型

1. 初始化预训练模型时，会加载该模型在无标签数据上预训练所得的权重参数，从而为分类微调做好准备。这一过程使得模型能够利用其现有知识，加速特定分类任务的学习进程。

2. 该过程包括使用 `download_and_load_gpt2` 函数，根据选择的模型规模检索预训练权重。随后，通过 `load_weights_into_gpt` 函数将这些权重加载到 `GPTModel` 中，确保模型已准备好进行微调。

3. 通过提供提示词并使用 `generate_text_simple` 函数生成文本，我们可以评估模型是否生成了连贯且有意义的输出。如果生成的文本合理，则表明预训练权重已成功加载。

4. 通过向模型中输入一条垃圾消息作为提示词，我们可以评估其初始的垃圾消息分类能力。这为微调前的模型性能提供了一个基准，并有助于识别需要改进的地方。

6.5　添加分类头

1. 预训练大语言模型的原始输出层专为语言生成任务设计，其功能是将隐藏表示映射到大规模词元库中。对于分类任务，我们需要构建一个较小的输出层，将隐藏表示映射到想要预测的特定类别上。

2. 为每个类别单独设置一个输出节点是一种更通用的分类方法，因为这避免了在二分类任务中修改损失函数的需求。这种方法可轻松扩展至多分类问题。

3. 预训练大语言模型的较低层通常捕捉通用的语言结构和语义，较高层则学习任务特定的特征。仅微调最后几层可在不破坏已经习得的通用语言知识前提下，高效适配新任务。

4. 冻结层可以防止它们的权重在训练过程中被更新。这可以通过将其参数的 `requires_grad` 属性设置为 False 来实现。解冻层则通过将 `requires_grad` 设置为 True 重新启用权重更新。

5. 因果注意力掩码限制每个词元只能关注自身及之前的词元。基于这种机制，序列末端的词元能够聚合前面所有词元的信息，使其成为输入序列中最全面的表征载体。

6. 由于因果注意力掩码使得序列末位词元能够访问全部历史词元，因此它提供了词元最相关的上下文用于分类。所以，基于最后一个词元的输出进行微调能够实现更准确的预测。

6.6　计算分类损失和准确率

1. 模型的最后一个词元的输出是一个二维张量，代表每个类别（垃圾消息或非垃圾消息）的概率分数。通过使用 argmax 函数找到概率分数最高的索引，即可确定类别标签。

2. softmax 函数可以将模型的输出转换为总和为 1 的概率分布，但该函数是可选的——由于最大的输出值直接对应最高概率分数，因此可以直接对输出张量应用 argmax。

3. `calc_accuracy_loader` 函数通过遍历数据加载器，对每个输入应用 argmax 预测，并计算正确预测的比例，最终返回以百分比表示的分类准确率。

4. 分类准确率不是可微分函数，因此不适合直接用于优化。交叉熵损失是可微分函数，可以通过优化模型参数来间接最大化分类准确率。

5. 分类任务的 `calc_loss_batch` 函数专注于仅优化最后一个词元的输出，而语言建模版本会优化所有词元的输出。这种差异反映了分类任务中专注于预测最后一个词元类别标签的特点。

6.7　在有监督数据上微调模型

1. 用于微调的训练与用于预训练的训练之间的主要区别在于，在微调过程中，我们通过计算分类准确率（而非生成文本样本）来评估模型性能。

2. `train_classifier_simple` 函数会追踪已见过的训练样本数量（而非词元数量），并在每个训练轮次后计算准确率，同时会省略打印文本样本的步骤。

3. evaluate_model 函数可以同时计算训练集和验证集的损失值，从而帮助我们了解模型在已见过的数据和未见过的数据上的表现。

4. 图 6-16 中的损失曲线显示，在初始训练轮次中，训练集损失和验证集损失均急剧下降，表明模型有效学习了特征。两条曲线非常接近，这说明模型对未见过的数据具有良好的泛化能力，且未出现过拟合现象。

5. 训练轮数的选择取决于数据集的复杂性和任务难度。出现过拟合时需要减少训练轮数，而训练不足时需要增加训练轮数。

6. 正确选项如下。

位置	1	2	3
答案	C	A	D

7. eval_iter 参数用于确定计算训练集准确率和验证集准确率时使用的批次数量。较小的 eval_iter 值会加快训练速度，但会降低性能评估的准确性。

8. 以下是步骤的正确顺序。

顺序	步骤
1	A
2	C
3	G
4	F
5	E
6	D
7	B
8	H

6.8　使用大语言模型作为垃圾消息分类器

1.　该过程涉及使用一个经过预训练并针对分类任务微调的大语言模型，对给定文本消息预测类别标签（垃圾消息或非垃圾消息）。具体实现步骤为：先将文本转换为词元 ID 输入到模型中，然后再根据模型输出结果确定预测的类别标签。

2.　`classify_review` 函数会接收一条文本消息作为输入，经过预处理后将其转换为词元 ID 输入到微调后的模型中，然后再根据模型输出结果预测类别标签（垃圾消息或非垃圾消息），最终返回对应的类别名称。

3.　可以通过计算模型在测试数据集上正确预测的比例或百分比，来评估垃圾消息分类模型的分类准确率。该指标反映了模型对垃圾消息和非垃圾消息的区分能力。

4.　各步骤与编号的对应关系如下。

步骤	编号
模型推理不进行梯度追踪	5
添加批次维度	4
如果序列过长，则进行截断	2
准备模型输入	1
将序列填充到最长序列长度	3
最后一个输出词元的 logits	6
返回分类结果	7

5.　保存模型后，后续可直接复用而无须重新训练。这一步骤对模型的实际部署（如实时垃圾消息检测）或进一步实验分析具有重要意义。

6.　尽管两种流程均涉及将文本转换为词元 ID 并使用交叉熵损失函数，但分类微调侧重于训练模型输出正确的类别标签，而预训练旨在预测序列中的下一个词元。此外，分类微调通常需要将大语言模型的输出层替换为更小的分类层。

章节练习

练习 6.1

可以通过在初始化数据集时将最大长度设置为 `max_length=1024` 来将输入填充到模型支持的最大词元数量：

```
train_dataset = SpamDataset(..., max_length=1024, ...)
val_dataset = SpamDataset(..., max_length=1024, ...)
test_dataset = SpamDataset(..., max_length=1024, ...)
```

然而，额外的填充会导致测试集的准确率骤降到 78.33%（相对于 6.7 节中的 95.67%）。

练习 6.2

可以通过删除下面的代码来选择微调整个模型而不只是最后一个 Transformer 块：

```
for param in model.parameters():
    param.requires_grad = False
```

这个改动会让测试集的准确率提升 1%，达到 96.67%（相对于 6.7 节中的 95.67%）。

练习 6.3

除了最后一个输出词元，也可以选择微调第一个输出词元，只需把代码中任何出现 `model(input_batch)[:, -1, :]` 的位置改为 `model(input_batch)[:, 0, :]` 即可。

正如预期的那样，因为第一个输出词元比最后一个输出词元包含的信息要少，所以这个改动会导致测试集准确率显著下降到 75%（相对于 6.7 节中的 95.67%）。

第 7 章

通过微调遵循人类指令

本章探讨了**指令微调**这一过程，即通过微调使预训练的大语言模型能够遵循特定指令并生成所需的响应，从而超越其最初的文本补全能力。本章涵盖了如何准备指令数据集、如何组织数据批次以提高训练效率、如何加载预训练的大语言模型，以及如何微调模型以遵循指令。另外，本章还解释了如何提取和评估大语言模型生成的响应，以衡量微调后模型的性能，同时介绍了使用另一个大语言模型（如 Llama 3）对响应进行评估的技术。与第 6 章专注于分类微调类似，本章强调提高大语言模型理解和执行指令的能力。

所有问题的答案都可以在本章末尾找到。

主要概念速测

1. 预训练大语言模型在处理指令方面经常面临的主要挑战是什么？

    A. 无法完成句子

    B. 难以生成连贯文本

    C. 词汇量有限

    D. 难以执行特定指令（如语法纠正或语音转换）

2. 在准备有监督指令微调的数据集时，最关键的组成部分是什么？

    A. 预训练语言模型

B. 优化算法

C. 指令-响应对

D. 分词算法

3. 哪种数据格式是指令数据集通常采用的格式，且对于人类和机器都是易于读取的？

A. JSON（JavaScript Object Notation）

B. CSV（Comma Separated Values）

C. YAML（YAML Ain't Markup Language）

D. XML（Extensible Markup Language）

4. 在指令微调场景中，自定义聚合函数的作用是什么？

A. 优化模型架构

B. 处理指令微调数据集的特定格式和要求

C. 预处理输入数据

D. 评估模型性能

5. 在自定义聚合函数中使用 `ignore_index` 参数（`-100`）的目的是什么？

A. 标记序列的结束

B. 标识未知词元

C. 从损失计算中排除填充词元

D. 识别序列开始的位置

6. 保存微调模型的状态字典的主要目的是什么？

   A. 压缩模型参数以高效存储

   B. 可视化模型架构

   C. 保存模型参数以便日后使用或在其他项目中复用

   D. 改善模型性能

分节习题

接下来，我们将更加详细地探讨本章内容。

7.1 指令微调介绍

1. 预训练大语言模型的主要功能是什么？

2. 预训练大语言模型通常面临的挑战是什么？

3. 指令微调的目的是什么？

4. 指令微调的关键环节是什么？

7.2 为有监督指令微调准备数据集

1. 用于微调预训练大语言模型的指令数据集的作用是什么？

2. 本节中使用的指令数据集的格式是什么？

3. 本节提到了哪两种提示词风格？它们之间有何区别？

4. format_input 函数的作用是什么？它是如何工作的？

5. 指令数据集如何划分为训练集、验证集和测试集？

6. 将左侧的术语与右侧的描述进行匹配。

指令-响应对	用于向语言模型呈现指令和输入的不同格式，会影响模型对任务的理解和响应方式
提示词风格	一种更简单的指令微调格式，使用指定的词元来标记用户输入和助手输出，从而在任务呈现上提供更多灵活性
Alpaca 提示词风格	数据集由指令及其对应的响应组成，提供了如何完成任务的示例
Phi-3 提示词风格	一种结构化的指令微调格式，使用单独的部分来区分指令、输入和响应，使模型能够清晰理解任务

7.3　将数据组织成训练批次

1. 在指令微调中，自定义聚合函数的作用是什么？

2. 自定义聚合函数如何处理指令微调中的填充问题？

3. 在指令微调过程中，目标词元 ID 的作用是什么？它们是如何生成的？

4. 为什么在目标词元 ID 中填充词元会被替换为 -100 这个占位值？

5. 在目标序列中保留一个结束符词元的目的是什么？

6. 选择正确选项，补全下面代码中缺失的部分。

A. encode　　B. data　　C. format　　D. encoded_texts　　E. full_text

```
import torch
from torch.utils.data import Dataset

class InstructionDataset(Dataset):
    def __init__(self, data, tokenizer):
        self.data = data
```

```
        self.encoded_texts = []
        for entry in ___1___:
            instruction_plus_input = format_input(entry)
            response_text = f"\n\n### Response:\n{entry['output']}"
            full_text = instruction_plus_input + response_text
            self.encoded_texts.append(
                tokenizer.___2___(full_text)
            )

    def __getitem__(self, index):
        return self.___3___[index]

    def __len__(self):
        return len(self.data)
```

请在下表中填写你的答案。

位置	1	2	3
答案			

7.4 创建指令数据集的数据加载器

1. 在指令微调场景中，custom_collate_fn 函数的作用是什么？

2. 解释在 custom_collate_fn 函数（而不是主训练循环）中将数据移动到目标设备的优势。

3. 在 custom_collate_fn 函数中，设备（device）设置是如何确定并使用的？

4. customized_collate_fn 函数中的 allowed_max_length 参数有什么作用？

5. 描述使用 DataLoader 类为训练集、验证集和测试集创建数据加载器的过程。

6.　选择正确选项，补全下面代码中缺失的部分。

　　A. 50265　　　B. padded[1:]　　　C. padded[]　　　D. 50256　　　E. padded[:-1]

```
def custom_collate_draft_2(
    batch,
    pad_token_id=__1__,
    device="cpu"
):
    batch_max_length = max(len(item)+1 for item in batch)
    inputs_lst, targets_lst = [], []

    for item in batch:
        new_item = item.copy()
        new_item += [pad_token_id]

        padded = (
            new_item + [pad_token_id] *
            (batch_max_length - len(new_item))
        )
        inputs = torch.tensor(____2____)
        targets = torch.tensor(____3____)
        inputs_lst.append(inputs)
        targets_lst.append(targets)

    inputs_tensor = torch.stack(inputs_lst).to(device)
    targets_tensor = torch.stack(targets_lst).to(device)
    return inputs_tensor, targets_tensor

inputs, targets = custom_collate_draft_2(batch)
print(inputs)
print(targets)
```

请在下表中填写你的答案。

位置	1	2	3
答案			

7. 将左侧的术语与右侧的描述进行匹配。

批处理过程	一个专门定义如何将单个数据样本组合成批次的函数，特别适用于指令微调任务的需求
自定义聚合函数	将训练数据组织成样本组（批次）以提升训练效率的过程
填充词元	添加到序列末尾的特殊词元，用于确保批次中的所有输入具有相同的长度，以便模型高效处理
忽略索引	一个特殊值（通常为-100），用于表示目标序列中的填充词元，防止它们在训练过程中对损失计算产生影响

7.5 加载预训练的大语言模型

1. 为什么在指令微调任务中，更倾向于使用较大的预训练模型（如 gpt2-medium）而非较小的模型（如 gpt2-small）？

2. 在开始指令微调之前，加载预训练大语言模型的目的是什么？

3. 加载预训练模型的代码与预训练或分类微调的代码有什么不同？

4. 在进行微调之前，评估预训练大语言模型在验证任务上的表现有什么作用？

5. 在本节提供的代码中，如何将模型生成的响应与输入指令隔离开来？

7.6 在指令数据上微调大语言模型

1. 在指令数据上微调大语言模型的目的是什么？

2. 请描述在指令数据上微调大语言模型的过程，并突出其中的关键步骤。

3. 在指令数据上微调大语言模型时可能会遇到哪些挑战？如何应对这些挑战？

4. 在训练过程中如何评估微调的有效性？

5.　Alpaca 数据集在大语言模型微调中具有什么重要意义？

7.7　抽取并保存模型回复

1.　请描述在训练完成后如何评估经过指令微调的大语言模型的性能。

2.　评估微调后的大语言模型性能的不同方法有哪些？它们各自的优缺点是什么？

3.　在大语言模型中，"对话性能"具体指什么？为什么它很重要？

4.　如何使用另一个大语言模型自动评估大语言模型生成的响应？这种方法的优势是什么？

5.　解释如何将模型生成的响应追加到测试集中并保存更新后的数据以供后续分析。

7.8　评估微调后的大语言模型

1.　使用更大规模的大语言模型来评估微调模型响应的目的是什么？

2.　描述使用 Ollama 评估微调模型响应的过程。

3.　除了拥有 80 亿参数的 Llama 3 模型，还有哪些其他的大语言模型可用于评估模型响应？

4.　如何使用 generate_model_scores 函数来评估微调模型的性能？

5.　提升微调模型性能有哪些有效策略？

6.　将左侧的术语与右侧的描述进行匹配。

测试集	一种通过使用另一个语言模型来评估对话回复质量，从而评判语言模型对话性能的方法
对话性能	语言模型像人类一样进行交流的能力，包括对上下文、语义细微差别和用户意图的理解
自动化对话基准	从训练过程中分离出来的一部分数据，用于评估已训练模型的性能

章节练习

练习 7.1　更改提示词风格

在使用 Alpaca 提示词风格微调模型之后，尝试使用图 7-4 中展示的 Phi-3 提示词风格，观察其是否会影响模型回复的质量。

练习 7.2　指令与输入掩码

在完成本节内容，并使用 InstructionDataset 微调模型后，尝试将指令和输入部分的词元替换为 -100 来实践图 7-13 中的指令掩码方法。然后评估该方法是否对模型的性能有益。

练习 7.3　在原始 Alpaca 数据集上微调

Alpaca 数据集由斯坦福大学的研究人员开发，它是最早也是最受欢迎的指令数据集之一，包含约 52 000 个样本。作为这里使用的 instruction-data.json 文件的替代品，请考虑在 Alpaca 数据集上微调一个大语言模型。

Alpaca 数据集包含约 52 000 个样本，大概是我们使用的数据集的 50 倍，而且大多数样本比我们的数据集长一些。因此，强烈建议使用 GPU 来完成训练，它将极大加速微调过程。如果你在微调过程中遇到了内存不足（out-of-memory）的错误，那么可以考虑将 batch_size 从 8 降低到 4、2 甚至是 1。将 allowed_max_length 从 1024 降低到 512 或 256 也可以帮助解决内存不足问题。

练习 7.4　使用 LoRA 进行参数高效微调

为了更高效地对大语言模型进行指令微调，请修改本章中的代码，并使用附录 E 中的低秩自适应（LoRA）方法。然后比较修改前后的训练时间和模型性能。

答案

主要概念速测

1. D
2. C
3. A
4. B
5. C
6. C

分节习题

7.1 指令微调介绍

1. 预训练大语言模型的主要功能是文本补全，即根据给定的文本片段完成句子或撰写文本段落。

2. 预训练大语言模型在处理特定指令（如语法纠正或语音转换）时往往表现不佳，需要进一步微调。

3. 指令微调旨在提升大语言模型遵循特定指令和根据这些指令生成所需响应的能力。

4. 准备合适的数据集是指令微调的关键环节，数据集中应包含丰富的指令及其对应的理想响应示例。

7.2 为有监督指令微调准备数据集

1. 指令数据集由指令-响应对组成，用于训练大语言模型遵循指令并根据给定输入生成适当的响应。

2. 数据集以 JSON 文件格式存储，其中每个条目都是一个 Python 字典对象，包含'instruction'（指令）、'input'（输入）和'output'（输出）3 个字段，分别代表任务、输入数据和期望的响应。

3. 本节提到的两种提示词风格分别为 Alpaca 和 Phi-3。Alpaca 采用结构化的格式，明确划分了指令、输入和响应 3 个部分；而 Phi-3 采用更为简洁的格式，通过特定的<|user|>词元和<|assistant|>词元来区分对话角色。

4. `format_input` 函数用于将指令数据集中的条目转换为 Alpaca 风格的输入格式。该函数会构建一个格式化的字符串，其中包含指令、输入（如果有的话）以及一个用于响应的占位符。

5. 指令数据集按特定比例分为训练集、验证集和测试集。训练集用于训练模型，验证集用于在训练过程中评估模型性能，测试集用于评估模型的最终性能。

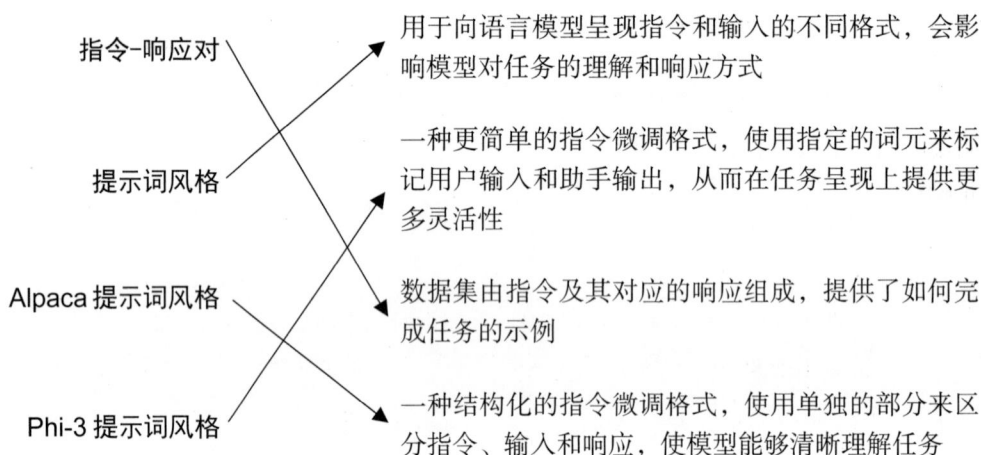

6. 术语与描述的对应关系如下。

指令-响应对

提示词风格

Alpaca 提示词风格

Phi-3 提示词风格

用于向语言模型呈现指令和输入的不同格式，会影响模型对任务的理解和响应方式

一种更简单的指令微调格式，使用指定的词元来标记用户输入和助手输出，从而在任务呈现上提供更多灵活性

数据集由指令及其对应的响应组成，提供了如何完成任务的示例

一种结构化的指令微调格式，使用单独的部分来区分指令、输入和响应，使模型能够清晰理解任务

7.3　将数据组织成训练批次

1. 自定义聚合函数用于处理指令微调数据集的特定要求和格式。它可以确保每个批次中的训练示例都被填充到相同的长度，以便模型能够高效地处理。

2. 自定义聚合函数会使用<|endoftext|>词元 ID（50256）将训练示例填充到每个批次中最长示例的长度。这样做可以最大限度地减少不必要的填充，仅将序列延长至批次内最长序列的长度。

3. 目标词元 ID 表示模型应该生成的期望输出序列。它们是通过将输入词元 ID 整体向右移动一个位置，省略第一个词元并添加结束词元而创建的。这种设置使模型能够学习如何预测序列中的下一个词元。

4. 用 -100 替换填充词元可以使交叉熵损失函数在训练期间忽略这些词元。这种做法可以确保只有有意义的数据才会影响模型学习，防止填充词元影响损失计算。

5. 在目标序列中保留一个结束符词元有助于大语言模型学习生成结束符词元，从而明确表示生成的响应已完整结束。

6. 正确选项如下。

位置	1	2	3
答案	B	A	D

7.4　创建指令数据集的数据加载器

1. custom_collate_fn 函数用于批处理指令数据集，确保输入和目标张量在送入大语言模型进行微调之前被转移到指定的设备（CPU、GPU 或 MPS）。

2. 通过在 custom_collate_fn 函数内部执行设备转移操作，该过程将转为后台任务，这样既能避免在模型训练期间阻塞 GPU，又可以提升训练效率。

3. 设备（device）设置根据 GPU 或 MPS 的可用性确定。通过使用 functools 模块中的 partial 函数，我们创建了一个预填充 device 参数的新版本 custom_collate_fn，从而确保该函数在数据传输时使用正确的计算设备。

4. allowed_max_length 参数用于将数据截断到正在微调的大语言模型（在本例中是 GPT-2 模型）所支持的最大上下文长度。

5. DataLoader 类用于为训练集、验证集和测试集创建数据加载器。通过配置 batch_size、collate_fn、shuffle、drop_last、num_workers 等参数，可以控制数据的批处理过程、随机打乱以及加载行为。

6. 正确选项如下。

位置	1	2	3
答案	D	E	B

7. 术语与描述的对应关系如下。

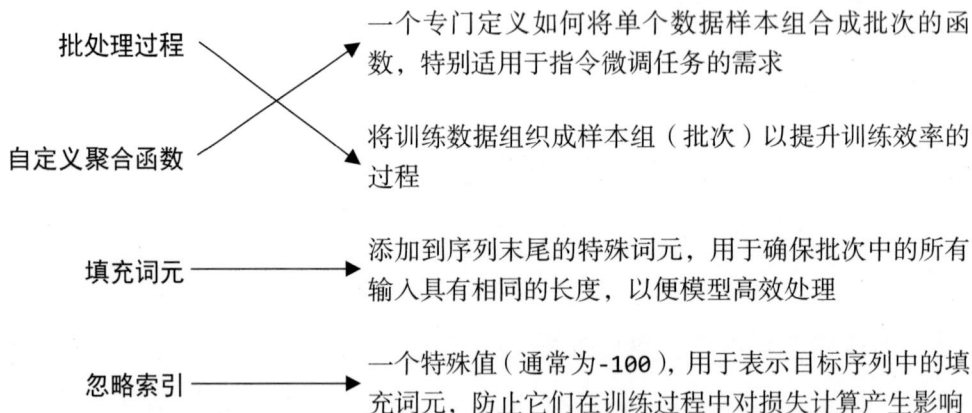

批处理过程 ————→ 一个专门定义如何将单个数据样本组合成批次的函数，特别适用于指令微调任务的需求

自定义聚合函数 ————→ 将训练数据组织成样本组（批次）以提升训练效率的过程

填充词元 ————→ 添加到序列末尾的特殊词元，用于确保批次中的所有输入具有相同的长度，以便模型高效处理

忽略索引 ————→ 一个特殊值（通常为 -100），用于表示目标序列中的填充词元，防止它们在训练过程中对损失计算产生影响

7.5 加载预训练的大语言模型

1. 较小的模型缺乏学习和保持高质量指令跟随任务所需的复杂模式和微妙行为的能力。较大的模型拥有更多参数，能够处理更复杂的指令并生成更准确的响应。

2. 加载预训练大语言模型为后续的微调过程奠定了基础。这使得模型能够利用预训练阶段习得的现有知识和模式，从而更高效、更有效地学习新任务。

3. 代码主体基本保持不变，但我们不再指定 gpt2-small 模型，而是改用参数规模达 3.55 亿的 gpt2-medium 大模型。这一调整体现了我们为指令微调任务选用更高性能模型的策略选择。

4. 在微调前评估预训练大语言模型的性能，有助于我们建立对模型能力的基准认知。这使我们能够清晰地评估微调对模型指令跟随能力和响应准确性的提升效果。

5. 代码通过从生成文本的开头减去输入指令的长度，有效地移除了输入文本，并只保留了模型生成的响应内容。随后又使用 strip()函数移除了多余的空白字符。

7.6　在指令数据上微调大语言模型

1. 在指令数据上对大语言模型进行微调，旨在提升其理解和遵循指令的能力，从而针对用户提示词做出更准确、更相关的响应。

2. 微调过程包括加载预训练的大语言模型、准备指令数据集，并使用合适的损失函数和优化器在该数据集上训练模型。训练过程的目标是最小化损失值，这表明模型在遵循指令方面的性能有所提升。

3. 可能会遇到的挑战包括硬件限制（如内存不足），这可以通过使用更小规模的模型、缩减批量大小或使用 GPU 加快训练来解决。此外，合理控制输入序列的长度对高效训练也至关重要。

4. 效果评估通过监控训练集损失和验证集损失来实现。这些损失值的下降表明模型在更好地遵循指令方面有所进步。此外，在训练过程中检查模型生成的响应，也能从定性角度评估模型的进步情况。

5. Alpaca 数据集是用于在指令数据上微调大语言模型的宝贵资源。它提供了大量多样化的指令和相应的响应，使模型能够学习更广泛的任务特定行为。

7.7　抽取并保存模型回复

1. 模型评估涉及从预留的测试集中提取模型生成的响应，手动分析它们，然后使用各种方法（如基准测试、人工比较或自动化指标）来量化响应质量。

2. 评估方法包括问答基准测试（如 MMLU）、人工偏好比较和自动化对话基准测试（如 AlpacaEval）。人工评估虽能提供宝贵的深入见解，但耗时较长，而自动化方法虽然效率较高，但可能缺乏人类判断的细致考量。

3. 对话性能指的是大语言模型像人类一样进行交流的能力，包括对上下文、语义细微差别和用户意图的理解。这对聊天机器人等应用程序至关重要，因为自然流畅的体验是其核心要求。

4. 可以采用类似 AlpacaEval 的方法，即使用另一个大语言模型来自动评估生成的响应。与人工评估相比，这种自动化方法更加高效，可以节省时间和资源，同时仍能提供有意义的性能指标。

5. 生成的模型响应会被添加到包含测试数据的字典中。然后这些更新后的数据会被保存为 JSON 文件（如 instruction-data-with-response.json），以便后续访问和分析。

7.8　评估微调后的大语言模型

1. 像 Llama 3 或 GPT-4 这样的大语言模型可用于自动评估微调模型生成的回复质量。与人工审查少量样本相比，这是一种更客观且可扩展的模型性能评估方法。

2. Ollama 是一个开源应用程序，允许你在本地运行大语言模型。你可以使用 `query_model` 函数向大语言模型发送提示词，比如要求它对模型的回复进行 0 到 100 的评分。随后，这些评分可用于评估微调模型的整体性能。

3. Ollama 支持使用其他大语言模型，比如参数量为 38 亿的 Phi-3 模型或更大的参数量为 700 亿的 Llama 3 模型。具体选择哪种模型取决于你的计算资源和期望达到的性能水平。

4. `generate_model_scores` 函数会遍历一组测试数据，向大语言模型发送提示词以评估每个模型回复的质量。随后，它会计算所有回复的平均分数，从而给出一个量化的性能指标。

5. 提升模型性能的策略包括：在微调过程中调整超参数、增加训练数据集的规模或多样性、尝试不同的提示词或指令格式，以及使用更大的预训练模型。

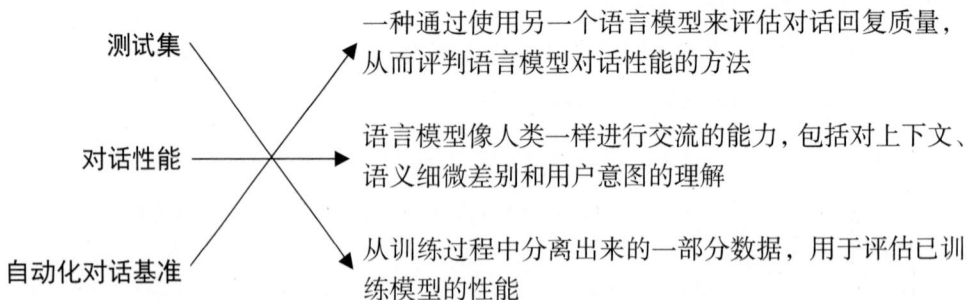

6. 术语与描述的对应关系如下。

测试集 ——— 一种通过使用另一个语言模型来评估对话回复质量，从而评判语言模型对话性能的方法

对话性能 ——— 语言模型像人类一样进行交流的能力，包括对上下文、语义细微差别和用户意图的理解

自动化对话基准 ——— 从训练过程中分离出来的一部分数据，用于评估已训练模型的性能

章节练习

练习 7.1

如图 7-4 所示，在给定一个样本输入后，Phi-3 的提示词风格是下面这样的：

```
<user>
Identify the correct spelling of the following word: 'Occasion'

<assistant>
The correct spelling is 'Occasion'.
```

为了用上这个模板，可以像下面这样修改 format_input 函数：

```
def format_input(entry):
    instruction_text = (
        f"<|user|>\n{entry['instruction']}"
    )
    input_text = f"\n{entry['input']}" if entry["input"] else ""
    return instruction_text + input_text
```

最后，当收集测试集上的回复时，还必须更新从生成的回复中提取的方式：

```
for i, entry in tqdm(enumerate(test_data), total=len(test_data)):
    input_text = format_input(entry)
    tokenizer=tokenizer
    token_ids = generate(
        model=model,
        idx=text_to_token_ids(input_text, tokenizer).to(device),
        max_new_tokens=256,
        context_size=BASE_CONFIG["context_length"],
        eos_id=50256
    )
    generated_text = token_ids_to_text(token_ids, tokenizer)
    response_text = (                              ⟵ 改动：将### Response
        generated_text[len(input_text):]              改为<|assistant|>
        .replace("<|assistant|>:", "")
        .strip()
    )
    test_data[i]["model_response"] = response_text
```

使用 Phi-3 模板对模型进行微调比使用 Alpaca 速度大约快 17%，因为模型的输入更短了。最终的分数接近 50，和使用 Alpaca 提示词风格时的分数差不多。

练习 7.2

为了掩码指令，如图 7-13 所示，需要对 InstructionDataset 类和 custom_collate_fn 函数进行一些小的修改。可以修改 InstructionDataset 类来记录指令的长度，随后在编写聚合函数时使用这些长度来定位目标中的指令内容位置，如下所示：

```python
class InstructionDataset(Dataset):
    def __init__(self, data, tokenizer):      ← 记录指令长度的
        self.data = data                         单独列表
        self.instruction_lengths = []
        self.encoded_texts = []

        for entry in data:
            instruction_plus_input = format_input(entry)
            response_text = f"\n\n### Response:\n{entry['output']}"
            full_text = instruction_plus_input + response_text

            self.encoded_texts.append(
                tokenizer.encode(full_text)
            )
            instruction_length = (
                len(tokenizer.encode(instruction_plus_input))   ← 收集指
            )                                                        令长度
            self.instruction_lengths.append(instruction_length)

    def __getitem__(self, index):      ←
        return self.instruction_lengths[index], self.encoded_texts[index]
                                                       分别返回指令
    def __len__(self):                                 长度和文本
        return len(self.data)
```

接下来，更新 custom_collate_fn 函数。由于 InstructionDataset 数据集的变化，现在每个批次是一个包含(instruction_length, item)的元组，而不是只有 item。此外，我们还在目标 ID 列表中掩码了相应的指令词元：

```python
def custom_collate_fn(
    batch,
    pad_token_id=50256,
    ignore_index=-100,
    allowed_max_length=None,
    device="cpu"
):
```

```
batch_max_length = max(len(item)+1 for instruction_length, item in batch)
inputs_lst, targets_lst = [], []
```

现在，一个批次
是一个元组

```
for instruction_length, item in batch:
    new_item = item.copy()
    new_item += [pad_token_id]
    padded = (
        new_item + [pad_token_id] * (batch_max_length - len(new_item))
    )
    inputs = torch.tensor(padded[:-1])
    targets = torch.tensor(padded[1:])
    mask = targets == pad_token_id
    indices = torch.nonzero(mask).squeeze()
    if indices.numel() > 1:
        targets[indices[1:]] = ignore_index

    targets[:instruction_length-1] = -100
```

在目标中掩码所有的
输入和指令词元

```
    if allowed_max_length is not None:
        inputs = inputs[:allowed_max_length]
        targets = targets[:allowed_max_length]

    inputs_lst.append(inputs)
    targets_lst.append(targets)

inputs_tensor = torch.stack(inputs_lst).to(device)
targets_tensor = torch.stack(targets_lst).to(device)

return inputs_tensor, targets_tensor
```

在评估使用这种指令掩码方法微调的模型时，其表现略逊一筹（比使用第 7 章中的 Ollama Llama 3 方法大约低 4 分）。这与论文 "Instruction Tuning With Loss Over Instructions" 中的观察结果一致。

练习 7.3

要在原始的 Alpaca 数据集上微调模型，只需将文件 URL 从

```
url = "https://raw.githubusercontent.com/rasbt/LLMs-from-scratch/main/ch07/01_main-chapter-code/instruction-data.json"
```

更改为以下形式：

```
url = "https://raw.githubusercontent.com/tatsu-lab/stanford_alpaca/main/alpaca_data.json"
```

请注意，该数据集包含约 52 000 个样本（大约是本章所用数据集的 50 倍），而且这些样本的长度也超过了本章中处理的样本。

因此，强烈建议在 GPU 上进行训练。

如果遇到内存不足的错误，那么可以考虑将 batch_size 从 8 降低到 4、2 甚至是 1。除了降低批次大小，还可以将 allowed_max_length 从 1024 降低到 512 或 256。

练习 7.4

为了用 LoRA 指令微调该模型，可以使用附录 E 中列举的相关类和函数：

```
from appendix_E import LoRALayer, LinearWithLoRA, replace_linear_with_lora
```

接下来，把下列代码添加到 7.5 节的模型加载代码后即可：

```
total_params = sum(p.numel() for p in model.parameters() if p.requires_grad)
print(f"Total trainable parameters before: {total_params:,}")

for param in model.parameters():
    param.requires_grad = False

total_params = sum(p.numel() for p in model.parameters() if p.requires_grad)
print(f"Total trainable parameters after: {total_params:,}")
replace_linear_with_lora(model, rank=16, alpha=16)

total_params = sum(p.numel() for p in model.parameters() if p.requires_grad)
print(f"Total trainable LoRA parameters: {total_params:,}")
model.to(device)
```

请注意，在 NVIDIA L4 GPU 上，使用 LoRA 微调模型的时间为 1 分 18 秒，而原始代码需要 1 分 48 秒。因此，在这种情况下，LoRA 的运行速度快了大约 28%。使用本章中的 Ollama Llama 3 方法进行评估时，分数大约为 50，接近原始模型的分数。

PyTorch 简介

本附录对 PyTorch 这一广受欢迎的基于 Python 的深度学习库进行了简要介绍，重点讲解了其三大核心组件：**张量库**、**自动微分引擎**和**深度学习工具函数**。PyTorch 的张量库与 NumPy 类似，能够高效处理标量、向量、矩阵及高维数组型数据结构，并且支持 GPU 加速计算。PyTorch 中的自动微分（autograd）引擎通过自动计算张量运算的梯度简化了神经网络训练，消除了手动推导梯度的需求。最后，本附录还描述了 PyTorch 的深度学习工具函数，这些工具函数为设计和训练各种深度学习模型提供了预训练模型、损失函数、优化器等构建块。

所有问题的答案都可以在本附录末尾找到。

问题

1. 什么是 PyTorch？它为何如此流行？

2. 请列举 PyTorch 的三大核心组件。

3. PyTorch 与 NumPy 之间有何关系？

4. 在 PyTorch 中，什么是张量？

5. 如何创建 PyTorch 张量？

6. 解释 PyTorch 中计算图的概念。

7. PyTorch 中的自动微分（autograd）是什么？

8. 在 PyTorch 中如何计算梯度？

9. 如何在 PyTorch 中定义一个多层神经网络?

10. torch.nn.Sequential 类的作用是什么?

11. 如何访问 PyTorch 模型的参数?

12. 神经网络中的前向传播是什么?

13. 解释 torch.no_grad() 的用途。

14. 在 PyTorch 中如何使用数据集(Dataset)和数据加载器(DataLoader)?

15. 自定义 PyTorch 数据集类中的核心方法有哪些?

16. DataLoader 中的 num_workers 参数有什么作用?

17. 描述 PyTorch 中典型的训练循环过程。

18. 优化器在 PyTorch 中的作用是什么?

19. 如何保存和加载 PyTorch 模型?

20. 如何在 PyTorch 中使用 GPU 进行训练?

21. torch.cuda.is_available() 函数的作用是什么?

22. PyTorch 中的分布式训练是什么?

23. DistributedDataParallel(DDP)是如何工作的?

24. PyTorch 中的 DistributedSampler 是什么?

章节练习

练习 A.1

在你的计算机上安装和设置 PyTorch。

练习 A.2

运行 https://mng.bz/o05v 上的补充代码,检查你的环境是否正确设置。

练习 A.3

代码清单 A-9 中介绍的神经网络有多少个参数?

练习 A.4

比较矩阵乘法在 CPU 和 GPU 上的运行时间。在多大尺寸的矩阵上,你开始看到 GPU 上的矩阵乘法比 CPU 上的矩阵乘法更快? (提示: 在 Jupyter Notebook 中使用 `%timeit` 命令来比较运行时间。例如,对于矩阵 a 和 b,在新的笔记本单元中运行命令 `%timeit a @ b`。)

答案

1. PyTorch 是一个基于 Python 的开源深度学习库。该框架因用户友好的界面、高效性和灵活性而广受欢迎，在易用性和高级特性之间实现了完美平衡。

2. PyTorch 的核心组件包括：支持 GPU 加速计算的张量库、用于梯度计算的自动微分引擎（autograd），以及提供模型构建与训练工具的深度学习工具函数。

3. PyTorch 的张量运算在很大程度上沿用了 NumPy 的 API 和语法，因此对熟悉 NumPy 的用户来说非常易于上手。此外，PyTorch 还在 NumPy 功能基础上增加了 GPU 加速和自动微分功能。

4. 张量是一种多维数组，作为 PyTorch 中的数据容器，将向量和矩阵的概念推广到了更高维度。张量的秩表示它的维数。

5. PyTorch 张量通常使用 `torch.tensor()` 函数创建，输入数据可以是列表、嵌套列表或其他可迭代对象。数据类型既可以显式指定，也可以根据输入数据自动推断。

6. 计算图表示神经网络中计算的序列。PyTorch 会自动构建计算图，跟踪张量上的操作，以便实现自动微分。

7. autograd 是 PyTorch 的自动微分系统，用于计算张量运算的梯度。该系统利用计算图高效地实现链式法则，从而完成反向传播过程。

8. 梯度的计算可以通过调用 `grad()` 函数或在损失张量上调用 `.backward()` 方法完成，其中 `.backward()` 方法会自动计算计算图中所有叶节点的梯度。

9. 可以通过继承 `torch.nn.Module` 类来定义神经网络，其中在 `__init__` 方法中定义网络的各个层，在 `forward` 方法中定义这些层之间的交互关系。`forward` 方法描述了数据在网络中的流动过程。

10. 使用 `torch.nn.Sequential` 类可以简化神经网络的定义，它允许你按照特定顺序将多个网络层串联起来。

11. 可以通过调用 `model.parameters()` 来访问模型参数，该方法会返回一个包含模型中所有可训练的参数（权重和偏置）的迭代器。

12. 前向传播是指输入数据通过神经网络的所有层来计算输出张量的过程。

13. torch.no_grad()上下文管理器会禁用梯度跟踪，这在仅进行预测（推理）而不进行训练时，可以节省内存和计算资源。

14. 自定义的 Dataset 类可以定义如何加载单个数据记录。DataLoader 通过工作进程实现批处理、数据打乱以及并行数据加载。

15. 自定义 PyTorch 数据集类中的核心方法是 __init__（初始化）、__getitem__（按索引获取单个数据项）和 __len__（获取数据集长度）。

16. DataLoader 中的 num_workers 参数指定了用于数据加载的子进程数。增大该参数可以通过并行加载数据来加快训练速度。

17. 训练循环会遍历多个训练轮次和数据批次。对于每个批次，它会进行前向传播、计算损失值、调用.backward()方法进行反向传播，并使用优化器的.step()方法更新模型参数。

18. 优化器（如 torch.optim.SGD）会基于计算出的梯度更新模型参数，以最小化损失函数。学习率是优化器的一个关键超参数。

19. 可以使用 torch.save(model.state_dict(), 'filename.pth')保存模型状态，并通过 model.load_state_dict(torch.load('filename.pth'))加载模型状态。

20. 可以使用.to('cuda')将张量转移到 GPU 上，并确保计算中涉及的所有张量都在同一设备上。torch.device 上下文管理器可以帮助管理设备的分配。

21. torch.cuda.is_available()函数可以检查当前环境是否支持 CUDA（GPU 计算）。

22. 分布式训练指的是将模型训练任务分布在多个 GPU 或多台机器上，以加快训练速度。PyTorch 中常用的分布式训练方法是 DistributedDataParallel（DDP）。

23. DistributedDataParallel（DDP）会在每个 GPU 上创建模型的副本，将数据分配给它们，并在每个批次结束后同步梯度，从而高效地更新模型参数。

24. 在分布式训练中，DistributedSampler 可以确保每个 GPU 接收不同的、非重叠的训练数据子集。

章节练习

练习 A.1

如果你在设置 Python 环境时需要进一步的帮助，可选的"Python 安装提示"文档（https://github.com/rasbt/LLMs-from-scratch/tree/main/setup/01_optional-python-setup-preferences）提供了额外的建议和技巧。

练习 A.2

如果你需要验证你的环境是否设置正确，可选的"本书使用的安装库"文档（https://github.com/rasbt/LLMs-from-scratch/tree/main/setup/02_installing-python-libraries）提供了相关的工具和指导。

练习 A.3

该网络包含两个输入和两个输出。此外，还有两个隐藏层，节点数量分别为 30 和 20。可以通过编程方式来计算参数的数量，具体方法如下所示：

```
model = NeuralNetwork(2, 2)
num_params = sum(p.numel() for p in model.parameters() if p.requires_grad)
print("Total number of trainable model parameters:", num_params)
```

这将返回如下内容。

```
752
```

也可以手动进行计算，具体方法如下。

- ❑ **第一个隐藏层**：2 个输入节点 × 30 个隐藏节点 + 30 个偏置单元。
- ❑ **第二个隐藏层**：30 个输入节点 × 20 个节点 + 20 个偏置单元。
- ❑ **输出层**：20 个输入节点 × 2 个输出节点 + 2 个偏置单元。

最后，将每层的参数数量相加得到 $2 \times 30 + 30 + 30 \times 20 + 20 + 20 \times 2 + 2 = 752$。

练习 A.4

确切的运行时间结果将取决于实验所使用的硬件。在我的实验中，即使是进行小规模矩阵乘法，也会观察到 GPU 带来的显著加速，尤其是使用连接到 V100 GPU 的 Google Colab 实例时，具体结果如下所示：

```
a = torch.rand(100, 200)
b = torch.rand(200, 300)
%timeit a @ b
```

当在 CPU 上执行时，结果如下所示：

```
63.8 µs ± 8.7 µs per loop
```

当在 GPU 上执行如下代码时：

```
a, b = a.to("cuda"), b.to("cuda")
%timeit a @ b
```

结果如下所示：

```
13.8 µs ± 425 ns per loop
```

在这种情况下，在 V100 的机器上，这个计算会快将近 4 倍。

附录 B

参考文献和延伸阅读

《从零构建大模型》的附录 B 是参考文献和延伸阅读的内容，因此这里我们就不对此进行过多介绍了。

练习的解决方案

《从零构建大模型》的附录 C 给出了书中练习题的答案，因此这里我们就不对此进行过多介绍了。练习题的答案也可以在本书相应章节中找到。

附录 D

为训练循环添加更多细节和优化功能

本附录旨在改进用于预训练和微调大语言模型的训练函数，重点阐述了 3 项关键技术：学习率预热、余弦衰减和梯度裁剪，并详细指导如何将这些技术整合到训练函数中，以帮助读者通过实验验证这些优化方法对大语言模型预训练性能的影响。

所有问题的答案都可以在本附录末尾找到。

问题

1. 在训练大语言模型时，学习率预热的目的是什么？

2. 余弦衰减如何在训练过程中修改学习率？

3. 在训练大语言模型时，梯度裁剪的目的是什么？

4. 预热阶段的学习率是如何计算的？

5. 描述学习率余弦衰减所使用的公式。

6. 什么是 L2 范数？它在梯度裁剪中如何使用？

7. PyTorch 中的 `clip_grad_norm_` 函数是如何工作的？

8. 将学习率预热、余弦衰减和梯度裁剪结合使用有什么好处？

9. 在所提供的训练函数中，峰值学习率是如何确定的？

10. 在修改后的训练函数中何时应用梯度裁剪？

答案

1. 学习率预热是指在训练初期将学习率从一个较低的初始值逐步提高到峰值，以避免训练初期出现大幅度、不稳定的参数更新，从而提升训练稳定性。

2. 余弦衰减会在学习率预热阶段结束后，按照余弦曲线动态调整学习率，使其逐渐衰减至接近 0。这种方法既能避免损失函数越过最优解，又能提升训练稳定性。

3. 梯度裁剪通过将过大的梯度按比例缩小至最大幅度来防止梯度值过大。这一方法能确保参数更新保持在可控范围内，从而保持训练稳定性。

4. 在预热阶段，学习率会在指定的预热步数内从初始学习率线性增长到峰值学习率。

5. 预热阶段结束后，余弦衰减会通过结合最小学习率和基于训练进度的余弦缩放因子，使用包含余弦函数的计算公式来逐步降低学习率。

6. L2 范数用于衡量向量（或矩阵）的大小。在梯度裁剪中，它会计算梯度向量的长度。如果该长度超过预设阈值，则按比例缩小梯度值。

7. `clip_grad_norm_` 函数会计算梯度的 L2 范数。如果该范数超过指定的最大范数（`max_norm`），则按比例缩小所有梯度，以确保范数等于 `max_norm`。

8. 将这 3 种技术结合使用，能有效缓解大语言模型训练初期的不稳定性、避免优化过程偏离最优解，并控制梯度更新幅度，从而显著提升训练稳定性。

9. 峰值学习率直接取自优化器的参数组，其数值反映了为优化器设置的初始学习率。

10. 在修改后的训练函数中，梯度裁剪操作将在预热阶段结束后启用，且仅当全局训练步数超过预设的预热步数阈值时才会触发。这种设计确保了学习率在梯度裁剪介入前已达到稳定状态。

使用 LoRA 进行参数高效微调

本附录介绍了一种名为低秩自适应（low-rank adaptation，LoRA）的技术，这种技术通过仅更新模型的一小部分参数，并采用低秩矩阵来近似反向传播过程中的权重变化，从而实现对大语言模型的高效微调。本附录强调，LoRA 能够将自身的权重与预训练模型的原始权重分离开来，使得在不改变原始权重的情况下即可实现模型的定制化，从而降低存储需求并提升可扩展性。随后，本附录通过将 LoRA 层集成到 GPT 模型中，实际演示了 LoRA 在垃圾消息分类中的应用，从而表明其性能与传统微调方法相当，但可训练参数量要少得多。

所有问题的答案都可以在本附录末尾找到。

问题

1. 什么是 LoRA？在微调大语言模型时，其主要优势是什么？

2. LoRA 如何在线性层中近似权重更新矩阵（DW）？

3. LoRA 中"秩"（rank）这一超参数的作用是什么？

4. LoRA 中"alpha"这一超参数的作用是什么？

5. `LoRALayer` 类在 LoRA 微调过程中起到了怎样的作用？

6. 描述 `LinearWithLoRA` 类的功能。

7. 在 `LoRALayer` 中将矩阵 *B* 初始化为 0 有什么意义？

8.　解释 replace_linear_with_lora 函数的作用。

9.　在应用 LoRA 之前，冻结原始模型的参数为何很重要？

10.　将 LoRA 权重与原始模型权重分开存储的主要实际优势是什么？

答案

1. LoRA 是一种高效的参数微调技术,它只调整模型权重的一小部分。与全参数微调相比,LoRA 能显著降低计算成本和资源消耗。

2. LoRA 并不直接计算 DW,而是利用两个规模较小的矩阵 A 和 B,使得它们的乘积 AB 近似于 DW。这显著减少了需要更新的参数量。

3. 超参数"秩"(rank)决定了矩阵 A 和 B 的内部维度,从而控制 LoRA 方法引入的额外参数量。秩越高,模型的适应能力越强,但计算成本也随之增加。

4. 超参数"alpha"作为低秩自适应矩阵(AB)输出的缩放因子,用于调节 LoRA 更新对原始层输出的影响程度。

5. LoRALayer 类实现了 LoRA 的核心机制,通过创建并应用较小的矩阵 A 和 B 来处理输入,从而生成权重更新的低秩近似。

6. LinearWithLoRA 类可以将标准 Linear 层与 LoRALayer 结合起来。在前向传播过程中,它会将原始线性层的输出与 LoRA 层的输出相加,从而实现低秩自适应的集成。

7. 将矩阵 B 初始化为 0 可以确保初始的 LoRA 不会改变预训练权重——因为零矩阵(AB)的加入会使原始权重保持不变。

8. replace_linear_with_lora 函数会遍历模型中的各个层,将所有 Linear 层替换为 LinearWithLoRA 层,从而将 LoRA 集成到模型架构中。

9. 冻结原始模型的参数可以防止它们在 LoRA 微调过程中被更新,从而确保只训练规模较小的 LoRA 矩阵,同时保留预训练模型的知识。

10. 将 LoRA 权重单独存储可实现高效的模型定制,而无须存储多个完整的模型版本。这种方式显著降低了存储需求并提高了可扩展性,尤其适用于需要部署大量定制化模型的应用场景。